21 世纪全国高职高专土建立体化系列规划教材

钢筋混凝土工程施工与组织实训指导

（学生工作页）

主　编　高　雁

副主编　叶　平　　蒋敬伟　　柴恩海
　　　　倪占东　　赵修健　　周向阳
　　　　吴继伟

北京大学出版社
PEKING UNIVERSITY PRESS

内 容 简 介

学生工作页是工学结合教学模式下的一种新的学习资料，它反映国内职业教育改革的新动态，是基于工作过程的学习领域课程开发的主要成果。实训内容根据 5 个学习情境编排，分别是建筑脚手架搭设、模板安装、钢筋制作、混凝土浇筑、取样与检测。每个情境的实训项目用任务书的形式下发给学生，并附评价表和考核办法。学生完成实训任务后，可有成果用于检查验收及评价展示，并让学生体验操作的辛苦和成功的喜悦。

本书可作为高职高专院校建筑工程类相关专业的实训指导书，也可作为土建施工类及工程管理类各专业人员的参考用书。

图书在版编目(CIP)数据

钢筋混凝土工程施工与组织实训指导：学生工作页/高雁主编． —北京：北京大学出版社，2012.9
(21 世纪全国高职高专土建立体化系列规划教材)
ISBN 978-7-301-21208-0

Ⅰ.①钢…　Ⅱ.①高…　Ⅲ.①钢筋混凝土—混凝土施工—高等职业教育—教学参考资料 ②钢筋混凝土—施工组织—高等职业教育—教学参考资料　Ⅳ.①TU755

中国版本图书馆 CIP 数据核字(2012)第 209099 号

书　　　　名：	钢筋混凝土工程施工与组织实训指导(学生工作页)
著作责任者：	高　雁　主编
策 划 编 辑：	赖　青　王红樱
责 任 编 辑：	赖　青
标 准 书 号：	ISBN 978-7-301-21208-0/TU・0282
出 　版　 者：	北京大学出版社
地　　　　址：	北京市海淀区成府路 205 号　　　　100871
网　　　　址：	http://www.pup.cn　　http://www.pup6.cn
电　　　　话：	邮购部 62752015　　发行部 62750672　　编辑部 62750667　　出版部 62754962
电 子 邮 箱：	pup_6@163.com
印 　刷 　者：	三河市博文印刷厂
发 　行 　者：	北京大学出版社
经 　销 　者：	新华书店
	787 毫米×1092 毫米　16 开本　9.5 印张　212 千字
	2012 年 9 月第 1 版　2012 年 9 月第 1 次印刷
定　　　　价：	20.00 元

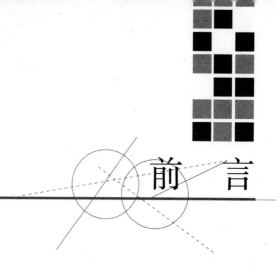

前　言

　　本书为钢筋混凝土工程施工与组织课程的配套用书，是为高职院校建筑工程相关专业的学生提供实训操作训练的指导书，也是引导学生自主学习、自我管理的技术性参考资料。它以引导问题的方式把学生带进工作过程的各个环节之中，要求学生按照工作过程和操作步骤完成规定的实训项目。实训项目关注校内实训条件和校外实训基地的特点，侧重讲解作为施工员和其他相关岗位人员必须掌握的操作技能和理论知识，且能够使学生的能力在实训操作过程中得到全面提升。本书主要把钢筋混凝土工程施工中的典型工作任务进行分解和细化，既保证实训项目的操作性，又兼顾理论知识的覆盖性，并通过校内实训基地和校外实训基地进行现场操作，实现学做一体化。

　　实训内容根据 5 个学习情境编排，分别是建筑脚手架搭设、模板安装、钢筋制作、混凝土浇筑、取样与检测。每个情境的实训项目用任务书的形式下发给学生，并附评价表和考核办法。学生完成实训任务后，可有成果用于检查验收及评价展示，并让学生体验操作的辛苦和成功的喜悦。

　　本书编写分工如下：高雁编写学习情境 3（钢筋制作）并对整个工作页进行统稿汇编，叶平编写学习情境 1（建筑脚手架搭设），柴恩海编写学习情境 2（模板安装），蒋敬伟编写学习情境 4（混凝土浇筑）和学习情境 5（取样与检测），倪占东协助蒋敬伟承担了部分工作，赵修健为本书提供部分现场工作图片，周向阳、吴继伟为本书编写提供一些基础资料且参与校对。北京大学出版社赖青老师和王红樱老师对本书内容组织和编写体例等方面，进行了指导。在编写过程中，还得到姜晓楠等老师的帮助。在此一并表示感谢。

　　由于主编疏忽，本书所配套的主教材"钢筋混凝土工程施工与组织"正式出版前将部分编写人员遗漏，特在此处补充说明：叶平、赵修健、周向阳、吴继伟均是主教材的副主编之一。

　　由于工作页的编写还没有成功的经验可以借鉴，加之个人技术水平和写作能力有限，本书存在不足之处，恳请各位读者批评指教，我们也一定虚心接受读者的意见和建议，并尽快修正。同时希望与各位读者共同探讨钢筋混凝土工程施工与组织的实训指导问题，让学生真正体验做中学的乐趣和职业教育的学习特点。

高　雁

2012 年 6 月

目　录

学习情境 1

建筑脚手架搭设

学习任务结构图

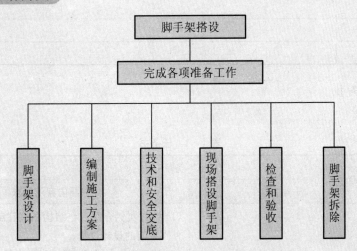

1.1 准　备

1. 分组并成立项目部

在教师的帮助指导下，对学生实施异质分组。原则上每组以 10 人为限，组成项目部，组长兼任项目经理。项目经理采用自荐和推荐相结合的方式确定，其他岗位由组长(项目经理)和其他成员商议确定，同时填写岗位表。

第　　项目部

姓　　名	职　　务	岗　位　职　责

2. 阅读任务书

任务书见表 1-1。

表 1-1　任务书

任　务　书		
序　号	任务名称	主要内容及要求
1	脚手架设计	(1) 通过实例介绍混合结构多层住宅楼扣件式钢管外脚手架的设计过程。 (2) 通过实例介绍框架剪力墙小高层(9 层至 16 层)办公楼或实验楼楼板层扣件式钢管支模架的设计过程。 (3) 通过实例介绍框架剪力墙小高层(9 层至 16 层)办公楼或实验楼型钢悬挑脚手架的设计过程。
2	编制脚手架施工方案	(1) 编制混合结构多层住宅楼工程的脚手架施工方案。 (2) 编制框架剪力墙结构小高层办公楼或实验楼工程的脚手架施工方案。
3	技术交底和安全交底	分别就上述两个施工方案对组长实施模拟交底(包括技术交底和安全交底)。

		任　务　书
序号	任务名称	主要内容及要求
4	现场搭设脚手架	在校内实训基地搭设： (1) 扣件式钢管外脚手架。 (2) 碗扣式(扣件式钢管)支模架。 (3) 门型组装式外脚手架。 在校外实训基地搭设：楼板层扣件式钢管支模架。
5	脚手架检查和验收	(1) 对校内搭设的脚手架进行项目部自检，并组织验收小组进行验收，同时填写标准验收表格。 (2) 对校外搭设的脚手架进行项目部自检，并组织验收小组进行验收，同时填写标准验收表格。
6	脚手架拆除	(1) 对校内搭设的脚手架实施拆除。 (2) 观看校外实训基地脚手架拆除的过程(也可以通过视频进行观看)。

3. 识读施工图

根据教师提供的混合结构、框架(框架—剪力墙)结构的施工图纸，由施工员组织项目部全体人员进行识读，要求明确以下内容。

(1) 建筑物的基本概况，包括使用性质、建筑面积、结构形式、层数和高度、平面形状。

(2) 建筑物的细部尺寸，包括室内房间的开间和进深、建筑层高、每个楼层的建筑标高和结构标高、建筑物的总长度和总宽度。

(3) 建筑物的结构构件，包括梁板柱的布置形式、板的厚度、梁(框架梁、主梁、次梁、连续梁、悬臂梁等)的宽度与高度、柱的截面尺寸。

4. 收集信息

收集必备的资料和掌握相关信息是完成学习任务的关键。信息除了可以从教材、工作页中收集外，也可以从其他渠道获得。

(1) 学校图书馆和系部资料室。

(2) 一体化教室准备的手册、图纸、图集等。

(3) 课程网站提供的共享资源。

(4) 互联网查阅。

5. 领取技术资料和工具

根据任务书的要求，由资料员领取相关技术资料，由材料员领取完成任务所需要的工具和材料，同时按下表填写台账。

资料(材料)收发台账

序号	资料(材料)名称	领取数量	领取日期	归还日期	领取人

1.2 计　　划

　　每个项目部的项目经理按照任务书的内容，组织成员进行分工协作，并制订工作计划。工作计划中要有完成学习任务的途径和方法、主要责任人、验收要点等。工作计划可用表格的形式报送教师，经修正批准后按此实施。

　　每个项目部可将自己的计划介绍给大家，比较一下哪个项目部的计划做得科学完善。

工作计划

任务名称	完成任务的方法和途径	验收要点	完成时间	责任人

1.3 实　　施

 引导问题1：为什么要进行脚手架设计？

　　(1) 在实际工程中，架子工凭经验搭设脚手架，或者不按照施工方案搭设脚手架的现象十分普遍。图 1.1 显示了脚手架坍塌事故。要求各项目部收集关于脚手架倾覆和坍塌造成人员伤亡的案例，并分析其事故原因。各项目部派一名成员，用 PPT 的形式进行汇报，内容一般应包括如下几点。

① 事故过程回放。

② 分析引发事故的原因。

③ 事故处理。

④ 总结教训并提出事故防范措施。施工现场安全警示牌如图 1.2 所示。

图 1.1　脚手架坍塌事故　　　　　　　图 1.2　施工现场安全警示牌

　　（2）在通常情况下，施工组织设计中关于脚手架的专篇也称为脚手架搭设施工方案。在施工方案中，外脚手架设计（包括普通外架和悬挑外架）、支模架设计的结果可作为脚手架搭设的依据。如果是高大支模架或特殊外架，需要在设计完成后制订专项施工方案并在经过专家论证通过后实施。为了能够制订出脚手架的施工方案，所要做的第一项工作是进行脚手架设计。

　　① 脚手架的种类很多，图 1.3 至图 1.10 是几种常见的脚手架，你能说出它们的名称、应用范围以及主要特征吗？你知道在这些脚手架中哪些是必须经过设计才能搭设的吗？

图 1.3　脚手架安装

图1.4　安全通道

图1.5　外脚手架

图1.6　卸料平台

图1.7　卸料平台内部

图1.8　楼梯临时扶手

图1.9　走廊临时围栏

图 1.10　支模架

② 扣件式钢管脚手架由钢管杆件用扣件连接而成，具有工作可靠、装拆方便、适应性强的优点。它可以用来搭设外脚手架，也可以用于搭设模板支撑架、防护架、上料平台架等，是国内使用最为普遍的一种脚手架。要求各项目部以扣件和钢管为主要材料，按照任务书的题目进行脚手架设计。

设计成果要向全体同学讲解并演示其计算过程，由其他项目部和教师提出问题，学生应予以解答。图 1.11 所示为学生在进行讲演。

图 1.11　学生讲演

实地调查

在通常情况下，钢管应该使用直径 48mm、壁厚 3.5mm 的钢管，并经过材料检测中心检测，验证其达到合格标准后方可使用。同学们可以到施工现场用游标卡尺（图 1.12）量一量，看看钢管（图 1.13）的壁厚实际是多少，再查查允许误差是多少。

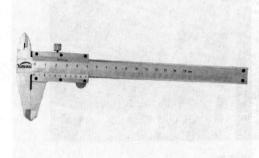

图 1.12　游标卡尺　　　　　　　　　　　　　　图 1.13　钢管

 实地调查

连墙件计算也是设计的主要内容之一。到施工现场看看，连墙件和图 1.14 所示的一样吗？现有几张现场拍摄的照片（图 1.15），指出它们的连接方式是否正确？根据所了解的情况，分别谈谈刚性连墙件和柔性连墙件的连接方式，并说明它们的优缺点。

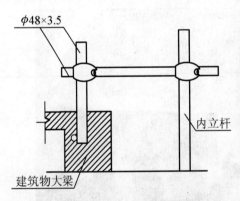

图 1.14　连墙杆件节点示意图

图 1.15　连墙杆件

（3）脚手架的构造设计应充分考虑工程的使用要求、实施条件和各种因素。为此，《建筑施工扣件式钢管脚手架安全技术规范》、《建筑施工门式钢管脚手架安全技术规范》等均给出了相关规定，这些规定是在满足脚手架搭设构造要求的前提下，又满足脚手架搭设的计算要求，才能确保脚手架的安全使用。

每个项目部收集相关资料，按照教师的布置，各项目部选派代表以 PPT 的形式进行讲述。题目如下。

① 构架设置规定有哪些？在实际工程中，是否能够按照要求进行构件设置？

② 安全防(围)护规定有哪些？结合工程实例，指出哪些规定易被忽视，原因是什么？有没有改进的方案或者措施？

③ 计算规定有哪些？在实际工程项目中，脚手架搭设有很多经验性的方法。到施工现场调查计算结果和经验搭设的现状，并说说你认为合理的方面，供大家探讨。

④ 杆配件规定有哪些？脚手架的杆件、构件、连接件、其他配件和脚手板必须符合质量要求，以项目部为单位分别讲述以上杆配件的质量标准。

 特别提示

　　建筑施工脚手架前必须进行计算。在特定情况下，还要进行1∶1实架搭设的荷载试验，经验算或检验合格后，方可进行搭设和使用。

引导问题2：怎样编制脚手架施工方案？

　　在建筑施工中，脚手架工程占有特别重要的地位。所以在实际工作中，施工单位编制的脚手架施工方案还要经过施工单位的技术负责人审核以及监理单位的监理工程师审批后才能实施。脚手架平面布置图示例如图1.16所示。

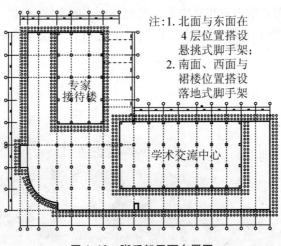

图 1.16　脚手架平面布置图

　　各项目部要到校外实训基地(施工现场)调查工程基本情况，查阅施工组织设计中有关脚手架施工方案的章节，同时关注高大支模架的专项施工方案。

　　(4) 各项目部按照任务书的要求，分别编制混合结构的多层住宅、小高层办公楼(也可以由指导教师另定题目)的脚手架施工方案并报审，具体工作可按以下步骤操作。

　　① 查阅关于脚手架的规范、标准和规程。

　　② 按照编写提纲编制施工方案。图1.17所示是相关人员在对脚手架施工方案进行审查。

图 1.17　审查脚手架施工方案

 引导问题 3：如何做好技术交底和安全交底？

（5）交底是施工过程中的一项重要工作，是保证施工质量和作业安全的重要措施。各项目部应按照任务书布置的内容积极准备，整理好交底的文字资料。同时以角色扮演的形式，由现场施工员向架子工作业班组长和架子工进行技术交底与安全交底，如图 1.18 所示。

图 1.18　施工员向工人进行技术交底和安全交底

 实地调查

专访建筑企业调查安全管理和安全事故情况，谈谈安全管理的重要性。各项目部组织调查并召开座谈会,每个小组提交调查报告和会议纪要各一份。图 1.19 所示为民工在接受安全教育。

图 1.19　安全教育

(6) 安全是生产赖以正常进行的前提,安全教育是安全管理工作的重要环节,是实现安全生产的重要手段。为了适应未来工作的需要,要做到以下两点。

① 明确安全生产教育的形式及内容。

② 认真落实安全生产责任制。

为了贯彻落实党和国家有关安全生产的政策法规,明确项目部各级人员、各职能部门的安全生产责任,保证施工生产过程中的人身安全和财产安全,应制定施工项目安全生产责任制度。

项目经理部应根据安全生产责任制的要求,把安全责任目标分解到岗、落实到人。施工项目安全生产责任制度必须经项目经理批准后方可实施。

你知道施工员(项目技术负责人)的安全生产责任有哪些吗? 以项目部为单位组织学习安全生产法规和施工现场安全基本知识。图 1.20 所示为工作人员现场宣传安全知识。

图 1.20　现场宣传安全知识

特别提示

安全技术交底是指导工人安全施工的技术措施,是施工项目安全技术方案的具体落实。安全技术交底一般由技术管理人员根据分部分项工程的具体要求、特点和危险因素编写,是操作者的指令性文件,因而要具体、明确、针对性强,不得用施工现场的安全纪律、安全检查等制度代替,在进行工程技术交底的同时进行安全技术交底。

(7) 安全技术交底由公司工程部负责,向项目经理、技术负责人、施工队长等有关部门及人员交底。各工序、工种由项目责任工长负责向各班组长交底。各项目部应回答以下问题。

① 安全技术交底的基本要求有哪些?

② 安全技术交底的主要内容是什么?

引导问题 4:脚手架应该怎样搭设?

(8) 各项目部做好搭设脚手架的准备工作了吗?有外聘教师(师傅)的指导,应该能够很快学会扣件钢管脚手架、碗扣式脚手架(图 1.21)、门式钢架的搭设。在脚手架搭设前和搭设过程中,你知道以下问题是怎样解决的吗?

① 外脚手架的立杆较长,在外架尚未形成空间格构时很不稳定,为了确保架设安全,应该采取哪些措施?

② 外架宽度不大但高度较高时(如提升机架),受风的影响很大,而且自身稳定性也不好,于是通过缆风绳进行加固是可靠又简易的办法,你知道应该怎样设置缆风绳吗?

③ 支模架(图 1.22)的时候,要根据施工方案搭设。但是在实际工程中,梁的位置不是绝对一致的,经常需要按梁的实际位置调整立杆的间距。那么,应该怎样调整呢?

图 1.21 碗扣式脚手架　　　　　　　　　　图 1.22 支模架

④ 为了保证板底标高一致,架子工在进行支模架的立杆搭设时,应采取什么方法进行控制?

⑤ 悬挑架(图 1.23)的搭设难度稍大，你能对搭设过程和细节做详细描述吗？细节内容有：悬挑型钢的固定方式、钢丝绳拉索挂点及锁扣的要求、立杆的安全措施、悬挑架的安全防护等。

图 1.23　悬挑脚手架

(9) 安全生产检查是一项综合性的安全生产管理措施，是科学地评价建筑施工安全生产情况，提高安全生产工作和文明施工的管理水平，预防伤亡事故的发生，确保职工的安全和健康，实现检查评价工作的标准化、规范化，建立良好的安全生产环境，做好安全生产工作的重要手段之一，也是建筑施工企业防止事故、减少职业病的有效措施。

到当地质量监督部门和监理单位调查安全检查工作情况，并由教师或现场安全员带领，到施工现场进行模拟安全检查，如图 1.24 所示。检查后回答下列问题。

① 对安全生产检查的要求是什么？

② 安全生产检查的内容有哪些？

③ 安全生产检查可采取哪些方法？

图 1.24　脚手架安全检查

引导问题5：脚手架应该怎样检查和验收？

(10) 脚手架检查是现场施工员和安全员的日常工作之一，贯穿于脚手架搭设、使用、拆除的整个过程中。验收则主要指脚手架搭设完成后，经过检查确定搭设合格，允许使用的一项程序。在通常情况下，脚手架搭设完成后，施工单位项目部首先进行自检，自检合格再报请监理单位的监理部组织验收。监理工程师组织监理人员、建设单位管理人员、施工单位的相关人员共同验收，如图1.25所示。

图1.25 脚手架检查和验收

对校内实训项目中搭设的脚手架和施工现场搭设的脚手架进行检查和验收，并填写相关表格(表1-2)。验收也要在项目部自检完成后进行，验收小组由教师带队，外聘教师(师傅)和项目部施工员、安全员共同组建验收小组，进行脚手架验收。

验收工作开始以前，应明确以下问题。

① 为什么要进行脚手架验收？

② 验收的依据是什么？

③ 验收的内容有哪些？

④ 怎样处理验收中出现的问题？

验收工作结束后，每个项目部写一份脚手架验收总结，内容包括：

① 常用脚手架验收的内容和重点、难点分析。

② 脚手架搭设常见问题汇总。

表1-2　落地式脚手架搭设技术要求和验收表

施工单位：　　　　　　　　工程名称：　　　　　　　　验收部位：

序号	验收项目	技术要求	验收结果
1	立杆基础	基础平整夯实、硬化，落地立杆垂直稳放在混凝土地坪、混凝土预制块、金属底座上，并设纵横向扫地杆。外侧设置20cm×20cm的排水沟，并在外侧设置80cm宽以上的混凝土路面。	
2	架体与建筑物拉结	脚手架与建筑物采用刚性拉结，按水平方向不大于7m，垂直方向不大于4m设一拉结点，在转角1m内和顶部80cm内加密。	
3	立杆间距与剪刀撑	脚手架底部（底排）高度不大于2m，其余不大于1.8m，立杆纵距不大于1.8m，横距不大于1.5m。如搭设高度超过25m，应采用双立杆或缩小间距；如超过50m，应进行专门设计计算，脚手架外侧从端头开始，按水平距离不大于9m，角度在45°～60°上下左右连续设置剪刀撑，并延伸到顶部在横杆以上。	
4	脚手板与防护栏杆	25m以下脚手架：顶层、底层、操作层及操作层上下层必须满铺，中间至少满铺一层；25m以上架子应层层满铺，脚手板应横向铺设，且不细于18号铅丝双股并联4点绑扎；假手机外侧应用标准密目网全封闭，用不细于18号铅丝双股并联绑扎在外立杆内侧；脚手架从第二步起必须在1.2m和30cm高设同质材料的防护栏杆和踢脚杆，脚手架内侧如遇门窗洞也应设防护栏杆和踢脚杆。脚手架外立杆高于檐口1m～1.5m。	
5	杆件搭接	立杆必须采用对接（顶排立杆可以搭接），大横杆可以对接或搭接，剪刀撑和其他杆个采用搭接，拱接长度不小于40cm，并且不小于两只扣件紧固；相邻杆件的接头必须错开一个档距，同一平面上的接头不得超过总数的50%，小横杆两端伸出立杆净长度不小于10cm。	
6	架体内封闭	当内立杆距墙大于20cm时应铺设站人片，施工层及以下每隔3步和底排内立杆与建筑物之间应用密目网或其他措施进行封闭。	
7	脚手架材质	钢管应选用外径48mm、壁厚305mm的A3钢管，无锈蚀、裂纹、弯曲变形，扣件应符合标准要求。	
8	通道	脚手架外侧可以设往返之字形斜道，坡道不大于1：3，宽度不小于1m，转角处平台面积不小于3m²，立杆应单独设置，不能借用脚手架外立架，并在1.3m和30cm高处分别设防护栏和踢脚杆，外侧应设剪刀撑，并用合格的密目网封闭，脚手板横向铺设，并每隔30cm左右设防滑条，外架与各楼层之间设置进出。	
9	卸料平台	吊物卸料平台和进架卸料平台应单独设计计算，编制搭设方案，有单独的支撑系统；平台采用4cm以上木板铺设，并设防滑条，临边设1.2m防护栏和30cm设踢脚杆，四周采用密目式安全网封闭。卸料平台应设置限载牌，吊物卸料平台必须用型钢作为支撑。	
验收结论意见		验收人员　项目经理： 安全员： 架子搭设负责人： 其他有关人员： 日期：　年　月　日	

引导问题6：为什么要关注脚手架拆除？

（11）脚手架属于临时设施，施工完成就要拆除。脚手架拆除是比较危险的一道工序，由于拆除操作不当引发安全事故的实例也不鲜见。所以，现场施工管理人员也必须重视脚手架拆除的问题。通过现场观看和查阅资料，作为施工员应如何解决下述问题？

① 脚手架拆除前安排谁去给操作工人进行安全交底？

② 现场做哪些准备工作？

③ 在脚手架拆除过程中和拆除完毕后，应做哪些管理方面的工作？

特别提示

脚手架拆除一定要按照拆除方案进行，确保施工安全。图1.26所示为脚手架的拆除。

图1.26 脚手架的拆除

评价与反馈

　　各项目部根据学习任务完成情况，由项目经理组织项目部成员进行自评和互评，教师综合考评学生的学习态度和工作成果。表1-3至表1-6分别为检查表、评价表、成绩评定表和教学反馈单。

表1-3　检查表

学习领域	钢筋混凝土工程施工与组织			
学习情境1	脚手架搭设		学时	28
序号	检查项目	检查标准	学生自检	教师检查
1	工作计划制订	是否全面、可行、合理		
2	资料查阅和收集	是否认真、仔细、全面、准确		
3	工具使用和保管	是否适当、完好、没有损坏或丢失		
4	角色扮演	是否尽职尽责		
5	技术水平	是否圆满完成相应的技术工作		
6	表达能力	发言或讲演时是否大胆，且表述流畅		
7	协作精神	在项目部中能否与其他成员互助协作		
8	领导才能	担任项目经理期间，是否表现出领导才能		
9	创新意识	是否有更多的方案、想法和思路		
10	发现和解决问题	是否经常提出问题，或者解决实际问题		
检查评价	班级		第__组	组长签字	
	教师签字			日期	
	评语：				

表1-4　评价表

学习领域	钢筋混凝土工程施工与组织				
学习情境1	脚手架搭设			学时	28
评价类别	项目	子项目	个人评价	组内互评	教师评价
操作评价	脚手架设计	计算过程和方法			
		计算结果			
	编制施工方案	编制依据			
		编制内容			
		方案的针对性			
	技术和安全交底	内容和方法			
		操作表现			
	现场搭设脚手架	准备工作			
		操作能力			
		完成质量			
综合评价	班级		第__组	组长签字	
	教师签字			日期	
	评语：				

表1-5　成绩评定表

序号	考评项目	分值	考核办法	教师评价（权重50%）	组内评价（权重30%）	学生自评（权重20%）
1	学习态度	20	出勤率及课内表现			
2	学习能力	20	资料收集及完成基础知识和施工方案情况			
3	操作能力	20	完成技术交底和实训质量			
4	分析能力	20	方案讨论及合理化建议			
5	团队协作能力	20	小组协作及辅助老师指导他人的情况			
	合计	100				
			总分			

表 1-6　教学反馈单

学习领域	钢筋混凝土工程施工与组织			
学习情境 1	脚手架搭设	学时		28
序号	调查内容	是	否	理由陈述
1	你认为脚手架设计很困难吗?			
2	你觉得脚手架的安全保证措施在很多方面被忽视吗?			
3	编制脚手架施工方案有意义吗?			
4	施工现场的技术交底和安全交底都是摆设吗?			
5	动手搭设脚手架能否让你对操作规程印象更深?			
6	你学会对脚手架进行检查和验收了吗?			
7	通过学习,你对脚手架拆除会更加重视吗?			
8	你所在的项目部出色吗?			
9	你的表现项目部成员满意吗?			
10	你感觉到你自己很有能力了吗?			
11	教师讲得不多,你觉得教师实际工作的水平还可以吗?			
12	外聘教师理论水平比较低吗?			
13	你满意学校实训基地吗?			
14	校外实训基地的操作难度大吗?			
15	你对工学结合课程的教学方法有异议吗?			

你的意见对改进教学非常重要,请写出你的建议和意见:

调查信息	被调查人签名		调查时间	

学习情境 2

模板安装

学习任务结构图

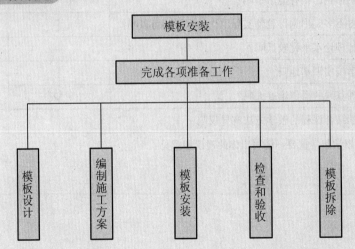

```
                    ┌──────────────┐
                    │   模板安装    │
                    └──────┬───────┘
                           │
                  ┌────────┴─────────┐
                  │   完成各项准备工作  │
                  └────────┬─────────┘
        ┌─────────┬────────┼────────┬─────────┐
     ┌──┴──┐  ┌──┴──┐  ┌──┴──┐  ┌──┴──┐  ┌──┴──┐
     │模   │  │编   │  │模   │  │检   │  │模   │
     │板   │  │制   │  │板   │  │查   │  │板   │
     │设   │  │施   │  │安   │  │和   │  │拆   │
     │计   │  │工   │  │装   │  │验   │  │除   │
     │     │  │方   │  │     │  │收   │  │     │
     │     │  │案   │  │     │  │     │  │     │
     └─────┘  └─────┘  └─────┘  └─────┘  └─────┘
```

2.1　准　备

1. 分组并成立项目部

在教师的帮助指导下，对学生实施异质分组。原则上每组以 10 人为限，组成项目部，组长兼任项目经理。项目经理采用自荐和推荐相结合的方式确定，其他岗位由组长（项目经理）和其他成员商议确定，同时填写岗位表。

第　　　项目部

姓　名	职　务	岗 位 职 责

2. 阅读任务书

任务书见表 2-1。

表 2-1　任务书

任 务 书		
序　号	任务名称	主要内容及要求
1	模板设计	（1）通过实例介绍框架剪力墙小高层（9 层至 16 层）办公楼（或实验楼）楼板层的木模板设计过程。 （2）通过实例介绍框架剪力墙小高层（9 层至 16 层）办公楼（或实验楼）剪力墙和柱的钢模板配板设计过程。
2	编制模板工程施工方案	（1）编制框架剪力墙结构小高层办公楼（或实验楼）工程的木模板分项工程施工方案。 （2）编制框架剪力墙结构小高层办公楼（或实验楼）工程的钢模板分项工程施工方案。
3	模板安装	依据上述两个施工方案，项目部施工员和安全员分别对内部成员实施模拟交底（包括技术交底和安全交底），然后在校内实训基地进行模板安装。 （1）楼板层和楼梯段木模板（包括各种形式的梁和板）安装。 （2）剪力墙和框架柱钢模板安装。

续表

		任 务 书	
序　号	任务名称	主要内容及要求	
4	模板检查和验收	(1) 对校内搭设的模板进行项目部自检，并组织验收小组进行验收，同时填写标准验收表格。 (2) 对校外搭设的模板进行检查，并组织验收小组进行模拟验收，同时填写标准验收表格。	
5	模板拆除	(1) 对校内搭设的钢模板实施拆除（楼板层木模板留下）。 (2) 观看校外实训基地模板拆除的过程（也可以通过视频进行观看），详述模板拆除的有关规定。	

3. 识读施工图

根据教师提供的框架（框架—剪力墙）结构的施工图纸，由施工员组织项目部全体人员进行识读，要求明确以下内容。

(1) 建筑物的基本概况，包括使用性质、建筑面积、结构形式、层数和高度、平面形状。

(2) 建筑物的细部尺寸，包括室内房间的开间和进深、建筑层高、每个楼层的建筑标高和结构标高、建筑物的总长度和总宽度。

(3) 建筑物的结构构件，包括梁板柱的布置形式、板的厚度、各种梁（有框架梁、主梁、次梁、连续梁、悬臂梁等）的宽度与高度、柱的截面尺寸，以及梁底和板底、柱顶和墙顶的结构标高。

4. 收集信息

收集必备的资料，掌握相关信息是完成学习任务的关键。信息采集除了可以从教材、工作页中收集外，还可以从其他渠道获得。

(1) 学校图书馆和系部资料室。

(2) 一体化教室准备的手册、图纸、图集等。

(3) 课程网站提供的共享资源。

(4) 互联网查阅。

5. 领取技术资料和工具

根据任务书的要求，由资料员领取相关技术资料，由材料员领取完成任务所需要的工具和材料，同时按下表填写台账。

资料(材料)收发台账

序号	资料(材料)名称	领取数量	领取日期	归还日期	领取人

2.2　计　　划

　　每个项目部的项目经理按照任务书的内容，组织成员进行分工协作，并制订工作计划。工作计划中要有完成学习任务的途径和方法、主要责任人、验收要点等。工作计划可用表格的形式报送教师，经修正批准后按此实施。

　　每个项目部可将自己的计划介绍给大家，比较一下哪个项目部的计划做得科学完善！

工作计划

任务名称	完成任务的方法和途径	验收要点	完成时间	责任人

2.3　实　　施

 引导问题 1： 什么是模板设计？模板设计的内容有哪些？

　　(1) 在模板搭设前应该对拟选用的模板进行选型、选材、配板、荷载计算、结构设计和绘制模板施工图等项工作，我们把这些工作统称为模板设计。常见的几种模板如图2.1、图2.2、图2.3、图2.4所示。

图2.1 木模板

图2.2 剪力墙木模板

图2.3 钢模板

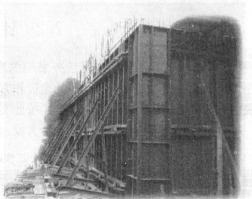
图2.4 剪力墙钢模板

　　模板系统包括模板和支撑两部分。模板按钢筋混凝土构件的几何尺寸制作,施工过程中需要承受自重和作用在其上的荷载。支撑系统是支持模板保证构件位置正确,且在受荷状态下具有一定强度和稳定性的临时性结构。模板设计自然也是分两部分进行。同学们可以按以下步骤操作,并将计算成果用PPT的形式与同学们分享。图2.5所示为同学们在研究讨论设计模板。

　　① 确定模板设计的原则。

　　② 查阅模板设计的依据。

　　③ 荷载计算。

　　(2)组合钢模板是目前使用较广泛的一种通用性组合模板。用它进行现浇钢筋混凝土结构施工,可事先按设计要求组拼成基础、梁、柱、墙等各种大型模板,整体吊装就位。也可以采用散装散拆方法,这种方法比较方便灵活。按照我们的实训任务要求,框架柱和剪力墙将安装钢模板,而钢模板不仅要进行承载能力计算,还必须要进行配板设计。设计内容包括以下几个方面。

　　① 确定钢模板配板设计的原则。

　　② 确定支承系统配置的原则。

　　③ 确定钢模板配板排列的方法。

图2.5 同学们研究讨论设计模板

（3）完成任务书中要求的木模板设计任务后，你应该知道木模板经济适用，安装方便，而且现在市场使用量最大的主要是木胶合板，其大样图如图2.6所示。木胶合板通常由5、7、9、11层等奇数层单板经热压固化而胶合成形。查阅相关资料并比照现场实际，你能准确回答以下问题吗？

① 胶合板模板有什么特点？

② 胶合板模板的力学性能如何？

③ 胶合板模板的胶合性能如何？

④ 胶合板模板的选用要求有哪些？

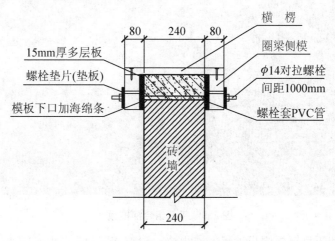

图2.6 木胶合模板大样图

（4）55 型组合钢模板，又称小钢模，是目前使用较广泛的一种组合式模板。55 型组合钢模板主要由钢模板、连接件和支承件 3 部分组成。

钢模板采用 Q235 钢材制成，钢板厚度为 2.5mm，对于宽度≥400mm 的宽面钢模板的钢板厚度应采用 2.75mm 或 3.0mm 的钢板。钢模板主要包括平面模板（图 2.9）、阴阳角模板（图 2.7）、连接角模板（图 2.8）等，图 2.10 和图 2.11 所示分别为大模板和压型钢模板。根据你所能够收集的资料，并结合现场实际情况，请叙述其用途、规格和优缺点。

图 2.7　阴阳角模板　　　　　　　　图 2.8　连接角模板

图 2.9　平面组合钢模板

（5）大模板和压型钢板模板近年发展很快，请查阅资料，并按你的理解讲讲它们的应用范围和施工方法。

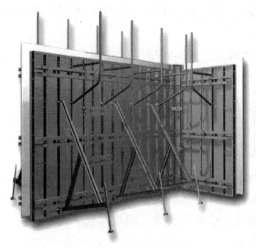

图 2.10　大模板　　　　　　　　　　　图 2.11　压型钢板模板

 实地调查

混凝土脱模剂大致可分为油类、水类和树脂类 3 种。请到施工现场调查一下脱模剂的情况，并根据你的理解和认识向同学们做专题演讲。演讲题目自选，采用 PPT 的形式且要求图文并茂。

 引导问题 2：模板安装的施工方案怎样编制呢？

（6）在施工组织设计中，模板施工是其中的一个重要环节，图 2.12 所示是一个楼梯支模图示例，为了学习方便，我们将其单独拿出来，用模板施工方案的形式认识它的全貌和指导意义。

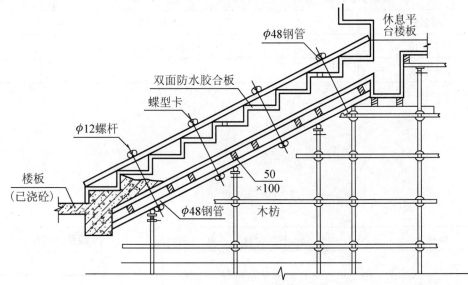

图 2.12　楼梯支模图

根据任务书的要求，项目部做一份模板安装施工方案，成果以 PPT 的形式向同学们展示，并重点围绕以下问题进行讲解。

① 模板施工方案由谁来完成？审批的程序如何？它有哪些指导意义？

② 模板施工方案的编制原则和依据是什么？主要内容有哪些？

引导问题 3：模板安装前施工员要做什么？你能解决模板安装中的常见问题吗？

（7）模板在安装前，现场施工员和安全员分别向木工班组的作业工人进行技术交底和安全交底，如图 2.13 所示。请到施工现场拜施工员和安全员为师，学习交底工作，在校内各项目部可以模拟演练施工员和安全员如何交底。交底的文字资料填写到下表中。

图 2.13 技术交底和安全交底

技术交底记录		编　　号	
工程名称		交底日期	年　月　日
施工单位		分项工程名称	
交底提要			

交底内容：

审核人		交底人		接受交底人	

附 4

续表

安全交底记录		编　号	
工程名称		交底日期	年　月　日
施工单位		分项工程名称	
交底提要			

交底内容：

审核人		交底人		接受交底人	

（8）根据任务书的要求，安排每个项目部完成模板安装的工作任务。同学们经过动手操作和工程实践，会发现现场有很多问题需要合理解决。现就以下问题，请同学们讨论。图 2.14 所示为同学们在分组讨论。

图 2.14　同学们分组讨论

① 模板安装的基本原则是什么？

② 门窗洞的木模板搭设方法有哪些？

③ 弧形墙的钢模板怎样搭设?

④ 楼梯踏步模板高度如何确定?

⑤ 现浇楼板如何起拱?

⑥ 后浇带的模板怎样搭设?

⑦ 框架结构模板的施工要点有哪些?

 引导问题 4：模板安装后如何进行检查和验收?

（9）模板安装完成后，施工员和安全员应分别对模板安装的质量和安全进行检查，发现问题马上通知木工班组长，要求他们限期整修，这项工作我们称为"自检"。"自检"工作完成后，施工单位项目部的资料员以书面的报表形式向监理部提出报验申请。通常情况下，监理部的监理工程师组织监理员、施工员、业主代表、木工班组长等人一起进行模板工程验收，若验收不合格，施工员要安排木工班组重新整改，直至达到合格标准方可以填表签字并开始进入下一道工序的施工。

根据实际操作程序，请在校内实训基地进行模板自检和互检，并进行模拟验收。自检以项目部为单位，检查本项目部成员安装的模板质量。验收则由验收小组完成，教师担任验收组长，外聘教师(师傅)任副组长，组员由各项目部的质检员和安全员担任。

自检和验收以前，请详述以下问题并做好各项准备。

① 模板工程质量检查的内容有哪些?

② 模板验收的依据是什么?

③ 主控项目和一般项目的区别在哪里?

④ 用什么样的方法验收?

⑤ 你会填写验收记录表吗? 请尝试把下表填好。

模板安装工程检验批质量验收记录表(GB 50204—2002)

单位(子单位)工程名称					
分部(子分部)工程名称				验收部位	
施工单位				项目经理	
施工执行标准名称及编号					
施工质量验收规范的规定			施工单位检查评定记录		监理(建设)单位验收记录
主控项目	1	模板支撑、立柱位置和垫板	第 4.2.1 条		
	2	避免隔离剂沾污	第 4.2.2 条		

续表

一般项目	1	模板安装的一般要求		第4.2.3条										
	2	用作模板地坪、胎膜质量		第4.2.4条										
	3	模板起拱高度		第4.2.5条										
	4	预埋件、预留孔允许偏差	预埋钢板中心线位置(mm)	3										
			预埋管、预留孔中心线位置(mm)	3										
			插筋 中心线位置(mm)	5										
			插筋 外露长度(mm)	+10,0										
			预埋螺栓 中心线位置(mm)	2										
			预埋螺栓 外露长度(mm)	+10,0										
			预留洞 中心线位置(mm)	10										
			预留洞 尺寸(mm)	+10,0										
	5	模板安装允许偏差	轴线位置(mm)	5										
			底模上表面标高(mm)	±5										
			截面内部尺寸(mm) 基础	±10										
			截面内部尺寸(mm) 柱、墙、梁	+4,-5										
			层高垂直度(mm) 不大于5mm	6										
			层高垂直度(mm) 大于5mm	8										
			相邻两板表面高低差(mm)	2										
			表面平整度(mm)	5										

施工单位检查评定结果	专业工长(施工员)		施工班组长	
	项目专业质量检查员		年 月 日	
监理(建设)单位验收结论	专业监理工程师 (建设单位项目专业技术负责人)		年 月 日	

 引导问题5： 模板拆除应该具备哪些条件？你知道模板拆除也要填写验收表吗？

（10）模板拆除是一项既涉及钢筋混凝土构件安全，又关系施工安全的一项工作。因此要求模板拆除应按照规定的拆模条件、拆模程序进行，同时还要注意做好交底工作并安排专人管理。到施工现场观看模板拆除的全过程，并就以下问题进行探讨且向同学们描述。

图2.15所示为自收缩和干燥收缩的关系，图2.16所示为不同水灰比混凝土自生收缩的发展。

① 讲述现浇混凝土结构拆模条件。

② 详细说明拆模程序和注意事项。

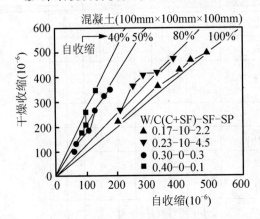

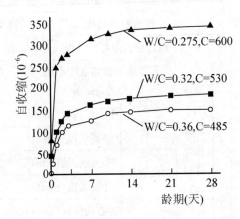

图2.15 自收缩和干燥收缩的关系　　图2.16 不同水灰比混凝土自生收缩的发展

（11）模板拆除也是比较重要的环节，因此也必须有过程记录并存档备查。根据施工现场拆除模板后的实际情况，拟填写下面的表格。

模板拆除工程检验批质量验收记录表　　　　GB 50204—2002

单位(子单位)工程名称					
分部(子分部)工程名称				验收部位	
施工单位				项目经理	
施工执行标准名称及编号					
施工质量验收规范的规定			施工单位检查评定记录		监理(建设)单位验收记录
主控项目	1	底模及其支架拆除时的混凝土强度	第4.3.1条		
	2	后张法预应力构件侧模和底模的拆除时间	第4.3.2条		
	3	后浇带拆模和支顶	第4.3.3条		
一般项目	1	避免拆模损伤	第4.3.4条		
	2	模板拆除、堆放和清运	第4.3.5条		
施工单位检查评定结果		专业工长(施工员)		施工班组长	
		项目专业质量检查员		年 月 日	
监理(建设)单位验收结论		专业监理工程师(建设单位项目专业技术负责人)		年 月 日	

评价与反馈

各项目部根据学习任务完成情况，由项目经理组织项目部成员进行自评和互评，教师综合考评学生的学习态度和工作成果。表2-2至表2-5分别为检查表、评价表、成绩评定表和教学反馈单。

表2-2　检查表

学习领域	钢筋混凝土工程施工与组织			
学习情境2	模板安装		学时	28
序号	检查项目	检查标准	学生自检	教师检查
1	工作计划制订	是否全面、可行、合理		
2	资料查阅和收集	是否认真、仔细、全面、准确		
3	工具使用和保管	是否适当、完好、没有损坏或丢失		
4	角色扮演	是否尽职尽责		
5	技术水平	是否圆满完成相应的技术工作		
6	表达能力	发言或讲演时是否大胆，且表述流畅		
7	协作精神	在项目部中能否与其他成员互助协作		
8	领导才能	担任项目经理期间，是否表现出领导才能		
9	创新意识	是否有更多的方案、想法和思路		
10	发现和解决问题	是否经常提出问题，或者解决实际问题		

检查评价	班级		第__组	组长签字	
	教师签字			日期	
	评语：				

表 2-3　评价表

学习领域	钢筋混凝土工程施工与组织					
学习情境 2	模板安装				学时	28
评价类别	项目	子项目	个人评价	组内互评	教师评价	
操作评价	模板设计	计算过程和方法				
		计算结果				
	编制施工方案	编制依据				
		编制内容				
		方案的针对性				
	技术和安全交底	内容和方法				
		操作表现				
	模板安装	准备工作				
		操作能力				
		完成质量				
综合评价	班级		第__组	组长签字		
	教师签字			日期		
	评语：					

表 2-4　成绩评价表

序号	考评项目	分值	考核办法	教师评价（权重 50%）	组内评价（权重 30%）	学生自评（权重 20%）
1	学习态度	20	出勤率及课内表现			
2	学习能力	20	资料收集及完成基础知识和施工方案情况			
3	操作能力	20	完成技术交底和实训质量			
4	分析能力	20	方案讨论及合理化建议			
5	团队协作能力	20	小组协作及辅助老师指导他人的情况			
	合计	100				
			总分			

表2-5　教学反馈单

学习领域	钢筋混凝土工程施工与组织			
学习情境2	模板安装	学时		28
序号	调查内容	是	否	理由陈述
1	你认为模板设计很困难吗？			
2	你觉得模板的安全很容易保证是吗？			
3	编制模板施工方案有意义吗？			
4	施工现场的技术交底和安全交底都是真实的吗？			
5	模板安装能否让你对操作规程印象更深？			
6	你学会对模板进行检查和验收了吗？			
7	通过本次学习，你对模板拆除会更加重视吗？			
8	你所在的项目部表现出色吗？			
9	你的表现项目部成员满意吗？			
10	你感觉到你自己的能力提高了吗？			
11	教师讲得不多，你觉得教师的实际工作水平还可以吗？			
12	外聘教师的理论水平比较低吗？			
13	你满意学校的实训基地吗？			
14	校外实训基地的操作难度大吗？			
15	你对工学结合课程的教学方法有异议吗？			

你的意见改进教学非常重要，请写出你的建议和意见：

调查信息	被调查人签名		调查时间	

学习情境 3

钢筋制作

● 学习任务结构图

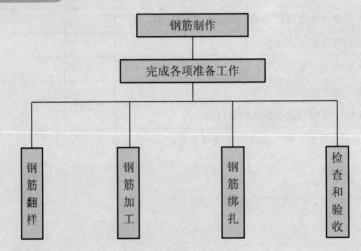

3.1　准　备

1. 分组并成立项目部

在教师的帮助指导下，对学生实施异质分组。原则上每组以 10 人为限，组成项目部，组长兼任项目经理。项目经理采用自荐和推荐相结合的方式确定，其他岗位由组长（项目经理）和其他成员商议确定，同时填写岗位表。

第　　　项目部

姓　名	职　务	岗 位 职 责

2. 阅读任务书

任务书见表 3-1。

表 3-1　任务书

任　务　书		
序　号	任务名称	主要内容及要求
1	钢筋翻样	（1）通过实例讲述梁式筏板基础（图 3.1）的钢筋翻样全过程。 （2）通过实例讲述独立柱基础的钢筋翻样全过程。 （3）通过实例讲述钻孔灌注桩基础三角承台（图 3.2）的钢筋翻样全过程。 （4）通过实例讲述现浇混凝土楼板层（包括框架柱、框架梁、多跨连续梁、悬臂梁、现浇板、剪力墙、板式楼梯）的钢筋翻样全过程。
2	钢筋加工	（1）在兼职教师的帮助下，按照下料单对以上翻样完成的钢筋进行加工制作。制作完成的钢筋做好标牌且分类保管堆放，以备使用。 （2）到校外实训基地观看钢筋加工制作过程，并适度参与操作。

续表

任 务 书		
序 号	任务名称	主要内容及要求
3	钢筋绑扎	在校内实训基地进行钢筋绑扎。 (1) 梁式筏板基础的钢筋绑扎。 (2) 独立柱基础的钢筋绑扎。 (3) 钻孔灌注桩基础三角承台的钢筋绑扎。 (4) 现浇混凝土楼板层(包括框架柱、框架梁、多跨连续梁、悬臂梁、现浇板、剪力墙、板式楼梯)的钢筋绑扎。 在校外实训基地对现浇钢筋混凝土楼板层的钢筋实施现场绑扎。
5	钢筋隐蔽工程检查和验收	(1) 对校内绑扎的钢筋进行项目部自检,并组织验收小组进行验收,同时填写标准验收表格。 (2) 对校外绑扎的钢筋进行项目部自检,并组织验收小组进行验收,同时填写标准验收表格。

图 3.1 有梁式筏板基础

图 3.2 桩的三角承台

3. 识读施工图

根据教师提供的混合结构、框架(框架—剪力墙)结构的施工图纸,由施工员组织项目部全体人员进行识读，要求明确以下内容。

（1）建筑物的基本概况，包括使用性质、建筑面积、结构形式、层数和高度、平面形状。

（2）建筑物的细部尺寸，包括室内房间的开间和进深、建筑层高、每个楼层的建筑标高和结构标高、建筑物的总长度和总宽度。

（3）建筑物的结构构件，包括梁板柱的布置形式、板的厚度、各种梁(有框架梁、主梁、次梁、连续梁、悬臂梁等)的宽度与高度、柱的截面尺寸。

4.收集信息

收集必备的资料，掌握相关信息是完成学习任务的关键。信息采集除了可以从教材、工作页中收集外，还可以从其他渠道获得。

（1）学校图书馆和系部资料室。

（2）一体化教室准备的手册、图纸、图集等。

（3）课程网站提供的共享资源。

（4）互联网查阅。

5.领取技术资料和工具

根据任务书的要求，由资料员领取相关技术资料，由材料员领取完成任务所需要的工具和材料，同时按下表填写台账。

资料(材料)收发台账

序号	资料(材料)名称	领取数量	领取日期	归还日期	领取人

3.2　计　划

每个项目部的项目经理按照任务书的内容，组织成员进行分工协作，并制订工作计划。工作计划中要有完成学习任务的途径和方法、主要责任人、验收要点等。工作计划可用表格的形式报送教师，经修正批准后按此实施。

每个项目部可将自己的计划介绍给大家，比较一下哪个项目部的计划做得科学完善！

工作计划

任务名称	完成任务的方法和途径	验收要点	完成时间	责任人

3.3 实　施

 引导问题 1：什么是钢筋翻样？如何进行钢筋翻样？

（1）施工员（钢筋班组长）根据施工图纸绘制钢筋混凝土构件中的钢筋形状并标注其型号、数量、下料长度的工作过程称为钢筋翻样。钢筋翻样的成果是能够让钢筋工现场加工制作钢筋的配料单，它是钢筋分项工程中的重要环节。图 3.3 所示为施工员在做钢筋翻样讨论，图 3.4 所示为管理人员在进行讨论。

图 3.3　施工员做钢筋翻样讨论　　　　图 3.4　管理人员讨论

（2）钢筋翻样的基本功是识读结构施工图。识图是一个从理论到实践，再从实践到理论不断反复的过程。请大家看图、查阅图集，并到施工现场进行实物比对。为了让大家更好地理解钢筋在构件中的地位和作用，还是梳理一下基本知识。

① 说一说钢筋与混凝土共同作用的条件。

② 概括说明钢筋混凝土构件的特点。

③ 指明实际工程中的构件名称，并分析其受力特征。

a. 梁：单跨简支梁和固定梁、多跨连续梁、多跨基础反梁、三跨五层框架梁、悬臂梁。

b. 柱：独立柱、三跨五层框架柱。

c. 板：现浇单向板、现浇双向板、多跨现浇连续单向板、多跨连续双向板。

d. 剪力墙(图 3.5)。

e. 基础：钢筋混凝土条形基础、独立柱基础(图 3.7)、筏板基础、箱型基础、柱基础(图 3.6)。

f. 楼梯：板式楼梯、梁式楼梯、螺旋楼梯(图 3.8)。

图 3.5　剪力墙

图 3.6　柱基础

图 3.7　独立柱基础

图 3.8　螺旋楼梯

 实地调查

到施工现场看看钢筋混凝土构件的数量和体量，拍些照片让大家共同分享。另外，请注意钢筋的布设方式，想想它们都各有哪些特点。

（3）建筑结构施工图平面整体设计方法（简称平法）是我国目前钢筋混凝土结构施工图的主要设计表示方法，学会平法设计规则非常重要，这是我们识读结构施工图的基础条件。为此，我们首先要适应平法结构施工图的表达方式。

① 平面注写方式（图3.9）。

② 列表注写方式（图3.10）。

③ 变截面注写方式（图3.11）。

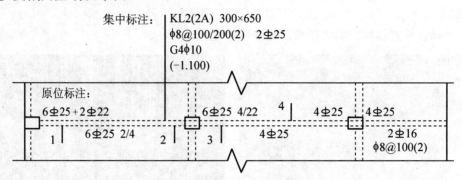

图3.9　平面注写方式示例

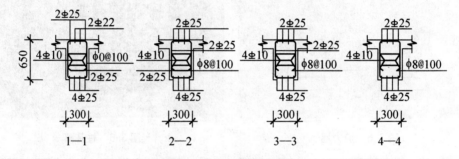

图3.10　列表注写方式示例

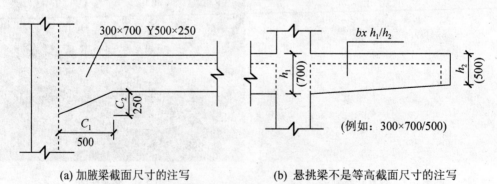

(a) 加腋梁截面尺寸的注写　　　　　(b) 悬挑梁不是等高截面尺寸的注写

图3.11　变截面尺寸注写示例

（4）平法的各种表达方式虽有不同，但它们却有统一的注写顺序，你们注意到了吗？打开03G101—1图集等，看看是否符合以下的顺序，并把你的理解写出来。

① 构件编号及整体特征，如梁的跨数等。

② 截面尺寸。

③ 截面配筋。

④ 必要的说明。

（5）按平法设计绘制结构施工图时，必须对所有的构件进行编号。同学们初学时不太容易记住很多构件编号。其实，钢筋混凝土构件的编号也有规律，多查阅几份图纸，总结后再讲讲你的感受。

① 基本构件以汉语拼音的声母为准，并在此基础上组合。

梁（L）——框架梁（KJL）、框支梁（KZL）、悬挑梁（XL）、连梁（LL）、暗梁（AL）。

板（B）——预制板（YB）、现浇板（XB）。

柱（Z）——框架柱（KZ）、梁上柱（LZ）、剪力墙上柱（QZ）。

墙（Q）——剪力墙墙身（Q）。

洞（D）——矩形洞（JD）、圆形洞（YD）。

② 查阅图集中有关基础、楼梯等构配件的编号，将它们排列后找出相应的规律。

特别提示

　　概括地讲，平法的表达形式是把结构构件的尺寸和配筋等，按照平面整体表示方法和制图规则，整体直接表达在各类构件的结构平面布置图上，再与标准构造详图相配合，即构成一套新型完整的结构设计。它改变了传统的那种将构件从结构平面布置图中索引出来，再逐个绘制配筋详图的烦琐方法。

　　第一部分：平法施工图。平法施工图系在分构件类型绘制的结构平面布置图上，直接按制图规则标注每个构件的几何尺寸和配筋。在平法施工图之前，还应有结构设计总说明。

　　第二部分：标准构造详图。标准构造详图统一提供的是平法施工图中未表达的节点构造和构件本体构造等，不需结构设计工程师设计绘制的内容。

　　对于比较复杂的工业与民用建筑，当某些部位的形状比较复杂时，需要增加局部模板图、开洞和预埋件平面图或立面图，必要时亦可增加局部构件正投影图或截面图。

（6）图集03G101—1是使用最为频繁，也是最基础的学习资料，必须对它熟练应用才能完成本学习情境的各项任务，因此同学们一定要重视这部分内容。图3.12至图3.15是从图集中摘抄的，阅后你能回答以下问题吗？

① 柱和剪力墙有几种形式？为什么它们有的要放大尺寸进行标注呢？

② 柱和墙的截面详图向我们传达了哪些信息？

③ 在柱和墙的截面配筋中，你能说出受力钢筋是什么型号吗？构造钢筋又是什么型号？

④ 你能将图中平法设计中梁的配筋用截面法表示出来吗？

⑤ 梁的集中标注和原位标注有什么意义？

⑥ 你能分清楚梁内的钢筋哪些是受力钢筋，哪些是构造钢筋吗？

⑦ 在梁平法设计中，你怎样理解纵向钢筋、通长筋、架立筋，它们的作用如何？

⑧ 钢筋保护层厚度和锚固长度是怎样规定的？

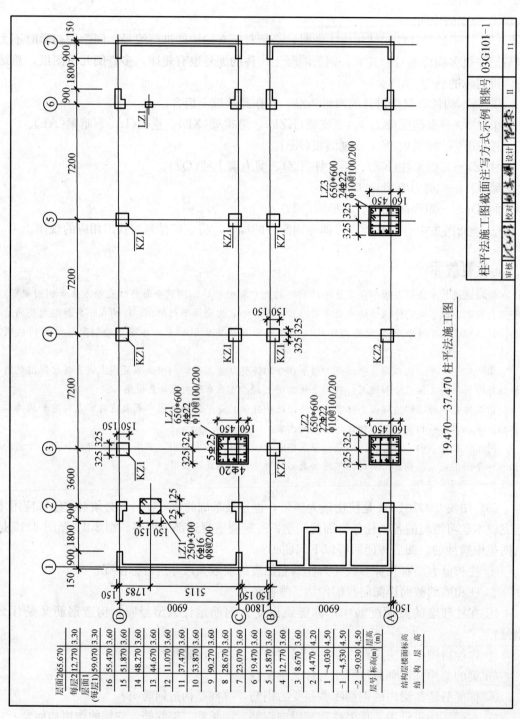

图 3.12 柱平法施工图截面注写方式示例

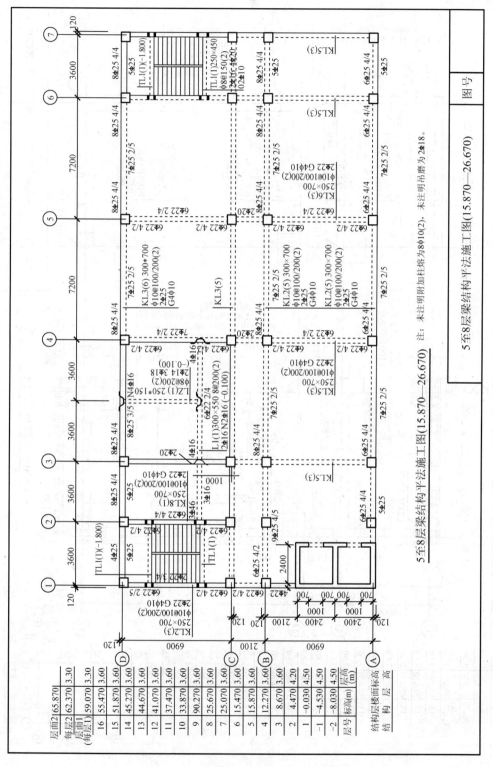

图 3.13　梁结构平法施工图注写示例

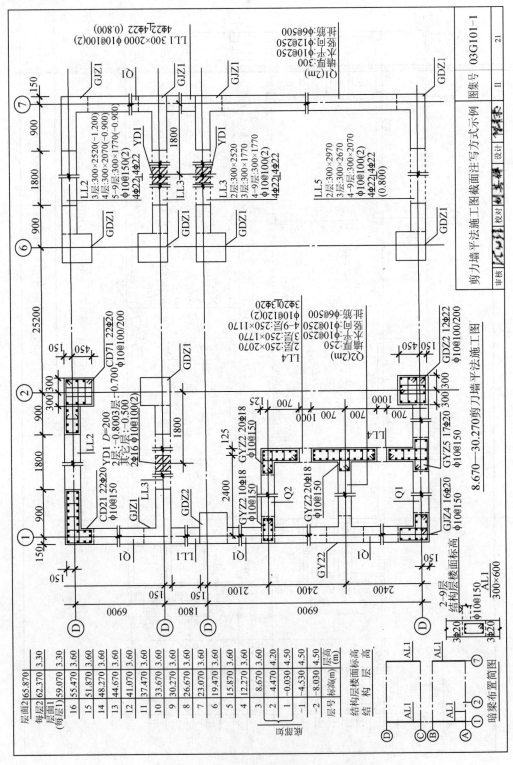

图 3.14 剪力墙平法施工截面注写方式示例

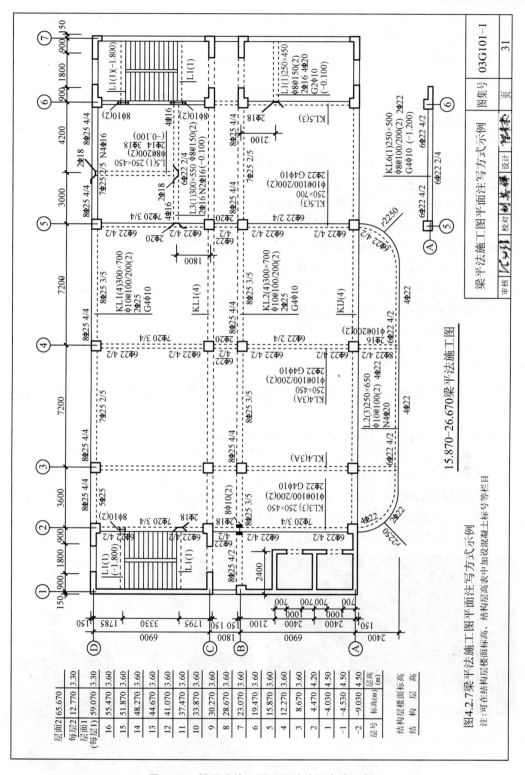

图 3.15　梁平法施工图平面法注写方式示例

（7）请各项目部经理安排施工员组织学习图集 03G101—2，并保证成员能够做到：

① 正确描述 AT 型楼梯平面注写方式。

② 正确描述 DT 型楼梯平面注写方式。

③ 简要说明钢筋锚固和搭接要求。

（8）请各项目部经理安排施工员组织学习图集 04G101—3，并保证成员能够做到：

① 正确描述基础梁平面注写方式。

② 正确描述梁板式基础平板注写方式。

③ 正确描述柱下板带和跨中板带注写方式。

④ 正确描述平板式基础平板注写方式。

⑤ 简要说明钢筋锚固及保护层厚度的规定。

（9）请各项目部经理安排施工员组织学习图集 04G101—4，并保证成员能够做到：

① 正确描述现浇楼面板注写方式。

② 简要说明钢筋锚固和保护层厚度的规定。

（10）请各项目部经理安排施工员组织学习图集 08G101—5，并保证成员能够做到：

① 查阅图集后，可以说明箱形基础构件编号的特点。

② 找出箱基底板分板区标注的规律。

③ 按照自己的理解，描述箱基底板和顶板非贯通筋原位标注的钢筋配置形状、特点和构造要求。

④ 按照自己的理解，描述箱基外墙和内墙集中标注的钢筋配置形状、特点和构造要求。

⑤ 按照自己的理解，描述箱基洞口过梁集中标注方法。

（11）请各项目部经理安排施工员组织学习图集 06G101—6，并保证成员能够做到：

① 按照自己的理解，描述独立基础平面注写的钢筋配置形状、特点和构造要求。

② 按照自己的理解，描述条形基础平面注写的钢筋配置形状、特点和构造要求。

③ 简要说明钢筋锚固及保护层厚度的相关规定。

图 3.16 所示为组织学习图集的场景，图 3.17 所示为在钢筋施工现场学习的场景。

图 3.16　在教室里学习图集　　　　图 3.17　到施工现场学习

（12）学会识读结构施工图后，就可以做钢筋翻样工作了。在施工图设计中，我们看到钢筋混凝土构件内的钢筋不都是直的，根据受力或者锚固等需要，钢筋需要弯曲，而钢筋因弯曲或弯钩会使其长度发生变化，在配料中不能直接根据图纸中尺寸下料。所以，我们必须了解对混凝土保护层、钢筋弯曲、弯钩等的规定，再根据图中尺寸计算其下料长度。

各种钢筋下料长度计算公式如下：

直钢筋下料长度＝构件长度－保护层厚度＋弯钩增加长度

弯起钢筋下料长度＝直段长度＋斜段长度－弯曲调整值＋弯钩增加长度

箍筋下料长度＝箍筋周长＋箍筋调整值

上述钢筋需要搭接的话，还应增加钢筋搭接长度。

① 请问弯曲调整值如何计取？

② 请回答弯钩增加长度怎样计算？

③ 你知道弯起钢筋斜长的计算方法吗？

④ 何谓箍筋调整值？它是怎么计算的？

⑤ 变截面构件箍筋要如何计算呢？

⑥ 请大家讨论曲线构件钢筋怎样计算？

（13）直钢筋和弯曲钢筋的长度能够计算了，钢筋翻样的工作就比较容易进行了，主要内容是画出钢筋的形状、标注其型号和长度、统计数量、计算用钢量。按照任务书，将完成钢筋翻样的成果向大家展示，并填写钢筋下料单。

 引导问题 2： 钢筋用什么机具加工？钢筋长度达不到要求时怎样接长呢？

钢筋加工的机具和设备如图 3.18、图 3.19 所示。

（14）以上机具和设备你认识吗？它们的名称、用途、操作方法你知道吗？到施工现场拍摄一些钢筋加工机具和设备，让大家共同分享你的成果。

图 3.18　钢筋加工的机具

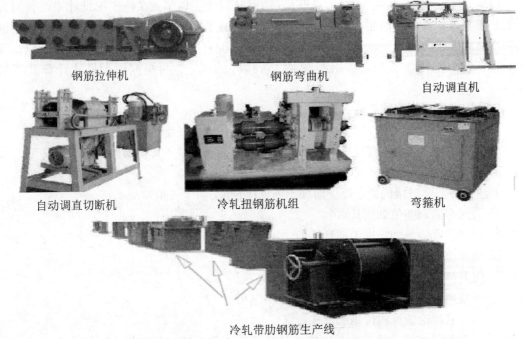

钢筋拉伸机　　　　钢筋弯曲机　　　　自动调直机

自动调直切断机　　　冷轧扭钢筋机组　　　弯箍机

冷轧带肋钢筋生产线

图3.19　钢筋加工的设备

特别提示

使用施工现场的设备和机具，必须要经过技术工种培训才能操作。特种作业还要经过考试且取得岗位证书，方能到现场作业。所以提醒大家注意安全，认真遵守施工现场的安全管理制度。

（15）通过观看工人师傅操作和自己动手进行的简单作业，给大家讲解以下命题。

① 钢筋在什么情况下应该除锈？施工现场一般采用什么办法进行除锈？

② 钢筋调直有哪几种方法？你有没有见过将钢筋拉细的调直机？你怎样看待"瘦钢筋"？

③ 使用哪几种机具切断钢筋？怎样切割钢筋才能减少断头筋？

④ 钢筋弯钩和弯折有什么规定？钢筋弯曲成型的工艺流程是怎样的？

（16）在通常情况下，Ⅰ级钢是以盘圆形式供货的，加工前需要调直，制作废料比较少。Ⅱ级或Ⅲ级钢则是直条钢筋，一般6m或9m不等（9m供料较多）。在实际工程中，连续梁内的纵向钢筋或者通常筋可能超过供料长度，也有很多时候用料短于供货长度而截断，余下部分的钢筋大多还要使用，这就需要钢筋进行接长处理。那么，怎样把钢筋"接长"呢？在建筑工程中，方法主要有以下3种。

① 钢筋绑扎搭接。

② 钢筋焊接连接。

③ 钢筋机械连接。

（17）相对而言，钢筋的绑扎连接简单、易操作，用在Ⅰ级钢的时候多。焊接连接应用范围广且用量大，操作复杂一些。而机械连接不仅造价高，且对设备和技术的要求也比较高，所以多应用在Ⅲ级钢的范围内。请查阅相关资料，搞清楚以下几个问题。

① 钢筋绑扎搭接时的搭接长度怎样计算？如果是不同型号的钢筋绑扎在一起，搭接长度又怎样计算？

② 以下常用的钢筋焊接方式用在什么情况下？怎样检查和检测它们的焊接质量？

a. 闪光对焊。

b. 电阻点焊。

c. 电弧焊。

d. 电渣压力焊。

③ 套筒挤压连接和直螺纹套筒连接同属于机械连接，它们各有什么特点？

a. 套筒挤压连接。

b. 直螺纹套筒连接。

 实地调查

（1）到钢筋供货地和材料检测中心调查钢筋直径的误差是否满足国家制定的标准。在校内和校外实训基地，随机截取不同型号的钢筋各1m，称称每米钢筋的重量是多少，再与理论重量进行对比。

（2）到施工现场（如有条件，可到专业加工钢筋的基地）看看有多少圆盘钢筋在进行调直并拉伸，用游标卡尺量量拉伸前钢筋的直径，再量量调直拉伸后钢筋的直径，大家共同探讨"瘦钢筋"对建筑结构有什么影响。

 特别提示

在实际工作中会遇到市场供应的钢筋不能满足设计需求，或者施工现场有存量钢筋急于使用的情况。当钢筋的品种、级别或规格需作变更时，应办理设计变更文件。设计变更一般采取钢筋代换的方法，解决设计与现实的矛盾。

钢筋代换时，必须按代换原则和方法进行，并严格遵守现行混凝土结构设计规范的各项规定。如果校内实训基地的钢筋与翻样配料的钢筋不匹配时，可向指导教师申请，然后项目部组织成员进行钢筋代换的计算。

引导问题 3：钢筋绑扎操作很容易学会，绑扎中出现的问题你会不会解决呢？

（18）钢筋绑扎是比较简单的工作，但在实训中你是否注意到了下面的问题？项目部讨论后，将题目和你们的见解用 PPT 的形式向大家讲述。图 3.20 至图 3.23 分别为底板钢筋、剪力墙钢筋、地梁主梁钢筋和顶板钢筋的绑扎示例。

图 3.20　底板钢筋的绑扎

图 3.21　剪力墙钢筋的绑扎

图 3.22　地梁主次梁钢筋绑扎

图 3.23　顶板钢筋绑扎

① 如果 HRB 335 和 HRB 400 钢筋在工程中都在应用,你怎么区分它们呢?

② 主筋焊接时使用的都是 E5003 焊条吗? 向工人师傅请教一下,E4003 焊条和 E5003 焊条有什么不同。

③ 条形基础交接处的钢筋到底应该怎样布设才是正确的? 图 3.24 和图 3.25 分别为钢筋布设示例图和钢筋布设分析图。

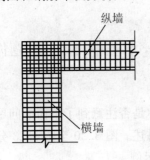

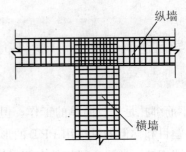

图 3.24　钢筋的布设

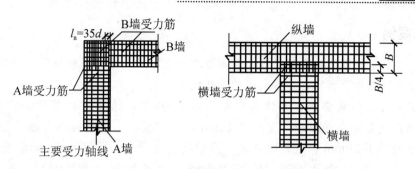

图 3.25 钢筋布设的分析

④ 跨度超过 4m 的大梁，在支设模板时要起拱。如果梁跨度很大，起拱量也相应增加，那么，钢筋长度和形状是否改变呢？

⑤ 现浇楼板层的主次梁交接处钢筋，应该按怎样的原则布设？哪个钢筋在上面，哪个钢筋在下面，都一样吗？

⑥ 在梁和柱的节点处，钢筋非常密集，怎样布设主梁、次梁和柱钢筋才算合理？图 3.26 为梁和柱钢筋的布设图。

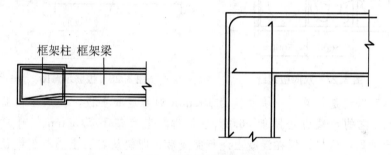

图 3.26 梁和柱钢筋的布设图

（19）钢筋绑扎过程中容易出现的问题很多，我们尝试着找到解决问题的办法，并尽可能提出适当的预防措施。

① 按现行施工规范的规定，在有抗震要求的结构中，箍筋弯钩的形式应符合设计要求。当设计无具体要求时，角度应为 135°，其平直部分长度不小于箍筋直径的 10 倍。这样，当连续梁支座处有 2 层或 3 层负弯矩钢筋时，就会出现弯钩平直部分与第 2 层负弯矩钢筋相碰的情况。想一想，如何调整箍筋绑扎才能保证与负钢筋连接顺畅？

② 根据目前构造柱混凝土施工状况，对于楼面为整体现浇的砖砌体结构，构造柱和梁板混凝土浇筑一般分两种情况：一种是构造柱和梁板混凝土分期不连续浇筑；另一种是构造柱和梁板混凝土一次连续浇筑。不论哪种情况，在砌体马牙槎内的构造柱主筋的位置较易控制，可穿过楼层圈梁高度范围的构造柱，因浇筑的混凝土将圈梁侧模和板底模覆盖，露出的柱筋无参照位置可控制，这样往往使留出的柱筋在露出点产生位移，有的位移甚至达到 30mm 以上，上部柱筋在搭接时一般仅将产生位移的柱筋强行折弯纠偏，严重影响了构造柱的受力条件。作为施工员应采取哪些技术措施来解决构造柱主筋位置偏移的问题呢？

▶▶应用案例

现浇板的负弯矩钢筋一般直径较小且布设在板上,工人操作时极易因为踩踏导致板负筋下沉。现有实例告诉我们,这种问题的危害极大。

某医院办公楼为双向板,具体构造如图3.27所示,抹地面时发现楼板中部下凹,板在支承墙附近普遍出现裂缝,宽度达12mm,人在楼板上跳动有颤动感。凿洞检查发现板的负筋被踩下20mm以上,尤其是沿纵墙处更为严重,下移达50mm。查阅图纸才知道,混凝土强度等级为C20,板厚100mm,负筋配置8@100mm,具体构造如图3.28所示。

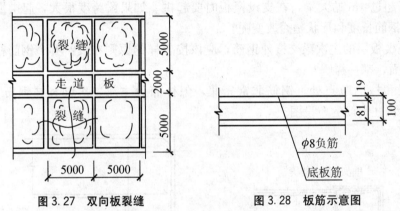

图3.27 双向板裂缝　　　　　　　图3.28 板筋示意图

通过核算可以清楚知道,一块厚度为100mm钢筋混凝土板,如果在施工中将它的负筋压低20mm,它的承载力会降低26.8%,同理,若负筋下沉50mm,则其承载力下降65.6%。由此可见,这样的板在混凝土浇筑完成后,即使从表面上看与正常板没有什么区别,但事实上已经构成安全隐患。

 实地调查

请同学们到施工现场走访调查,看看什么部位在什么情况下容易出现负弯矩钢筋下沉的问题?其危害有多严重?你有什么好办法解决此类问题?

 引导问题4：钢筋绑扎完成后应该怎样检查和验收呢?

(20) 钢筋绑扎完成后的工序是混凝土浇筑,钢筋在构件中将被隐蔽起来而无法在外表显现。为了确保钢筋的型号、数量、构造要求达到图纸和相关规范的标准,必须进行钢筋隐蔽工程验收。

① 你知道验收的程序以及由谁组织验收、验收的内容和验收的依据吗?

② 请把你们在校内(校外)实训的验收过程记录下来并填写验收表。

图3-2至表3-5分别为钢筋原材料检验批质量验收记录、钢筋加工检验质量验收记录、钢筋连接检验批质量验收记录和钢筋安装检验批质量验收记录。

表3－2　钢筋原材料检验批质量验收记录

（GB 50204—2002）　　　　　　　　　　编号：010602(1) /020102(1) □□□

工程名称				分项工程名称		项目经理	
施工单位				验收部位			
施工执行标准 名称及编号						专业工长 （施工员）	
分包单位				分包项目经理		施工班组长	
质量验收规范的规定				施工单位自检记录		监理(建设) 单位验收记录	
主控项目	1	原材料 抽　检	钢筋进场时应按规定抽取试件作力学性能试验，其质量必须符合有关标准的规定。 （第5.2.1条）				
	2	有抗震要求框架结构	纵向受力钢筋的强度应满足设计要求； 对一、二级抗震等级，检验所得的强度实测值应符合下列规定：①钢筋的抗拉强度实测值与屈服强度实测值的比值不应小于1.25；②钢筋的屈服强度实测值与强度标准值的比值不应大于1.3。 （第5.2.2条）				
	3		当发现钢筋脆断、焊接性能不良或力学性能显著不正常等现象时，应对该批钢筋进行化学成分检验或其他专项检验。（第5.2.3条）				
一般项目	1	钢筋表观质量	钢筋应平直、无损伤，表面不得有裂纹、油污、颗粒状或片状老锈。（第5.2.4条）				
施工操作依据							
质量检查记录							
施工单位检查 结果评定		项目专业 质量检查员： 　　　　　　　　　年　月　日			项目专业 技术负责人：		
监理(建设) 单位验收结论		专业监理工程师： （建设单位项目专业技术负责人） 　　　　　　　　　年　月　日					

表3-3 钢筋加工检验批质量验收记录

（GB 50204—2002）　　　　　　编号：010602(2)/020102(2) □□□□

工程名称				分项工程名称		项目经理	
施工单位				验收部位			
施工执行标准名称及编号						专业工长（施工员）	
分包单位				分包项目经理		施工班组长	
		质量验收规范的规定		施工单位自检记录		监理(建设)单位验收记录	

				施工单位自检记录	监理(建设)单位验收记录
主控项目	1	受力钢筋弯钩和弯折	①HPB235级钢筋末端应作180°弯钩，其弯弧内直径不应小于2.5d，弯钩的弯后平直部分长度不应小于3d；②当设计要求钢筋末端需作135°弯钩时，HRB335级、HRB400级钢筋的弯弧内直径不应小于4d，弯钩的弯后平直部分长度应符合设计要求；③钢筋作不大于90°的弯折时，弯折处的弯弧内直径不应小于5d。（第5.3.1条）		
	2	箍筋末端弯钩	弯钩形式应符合设计要求；当设计无具体要求时：①弯弧内直径除应满足第1条的规定外，尚应不小于受力钢筋直径；②弯折角度：对一般结构，不应小于90°；对有抗震等要求的结构，应为135°③箍筋弯后平直部分长度：对一般结构，不宜小于箍筋直径的5倍；对有抗震等要求的结构，不应小于箍筋直径的10倍。（第5.3.2条）		
一般项目	1	钢筋调直	宜采用机械方法，也可采用冷拉方法。当采用冷拉方法调直钢筋时，HPB235级钢筋冷拉率不宜大于4%，HRB335级、HRB400级、RRB400级钢筋的冷拉率不宜大于1%。（第5.3.3条）		
	2	钢筋加工的允许偏差	项目 / 允许偏差（mm）		

			项　目	允许偏差（mm）	施工单位自检记录						监理(建设)单位验收记录
			受力钢筋顺长度方向全长的净尺寸	±10							
			弯起钢筋的弯折位置	±20							
			箍筋内净尺寸	±5							

续表

施工操作依据		
质量检查记录		

施工单位检查 结果评定	项目专业 质量检查员：	项目专业 技术负责人： 　　年　月　日
监理（建设） 单位验收结论	专业监理工程师： （建设单位项目专业技术负责人） 　　年　月　日	

表 3-4　钢筋连接检验批质量验收记录

（GB 50204—2002）　　　　　编号：010602(3) /020102(3) □□□

工程名称				分项工程名称		项目经理	
施工单位				验收部位			
施工执行标准 名称及编号						专业工长 （施工员）	
分包单位				分包项目经理		施工班组长	

质量验收规范的规定			施工单位自检记录	监理（建设） 单位验收记录
主控项目	1	纵向受力钢筋 的连接方式	应符合设计要求。　（第5.4.1条）		
	2	接头试件	应作力学性能检验，其质量应符合 有关规程的规定。　（第5.4.2条）		
一般项目	1	接头位置	宜设在受力较小处。①同一纵向 受力钢筋不宜设置两个或两个以 上接头。②接头末端至钢筋弯起 点距离不应小于钢筋直径的 10 倍。　　　　（第5.4.3条）		
	2	接头外观 质量检查	应符合有关规程规定。 　　　　（第5.4.4条）		

一般项目	3	受力钢筋机械连接或焊接接头设置	宜相互错开。在连接区段长度为35倍d且不小于500mm范围内,接头面积百分率应符合下列规定:①受拉区不宜大于50%;②不宜设置在有抗震设防要求的框架梁端、柱端的箍筋加密区;当无法避开时,机械连接接头不应大于50%。③直接承受动力荷载的结构构件中,不宜采用焊接接头。当采用机械连接时不应大于50%。 (第5.4.5条)	
	4	绑扎搭接接头	按规范要求相互错开。接头中钢筋的横向净距不应小于钢筋直径,且不应小于25mm。搭接长度应符合规范规定;连接区段1.3L长度内,接头面积百分率:①对梁类、板类及墙类构件,不宜大于25%;②对柱类构件,不宜大于50%。③确有必要时对梁内构件不宜大于50%。 (第5.4.6条)	
	5	箍筋配置	在梁、柱类构件的纵向受力钢筋搭接长度范围内,应按设计要求配置箍筋。 当设计无具体要求时:①箍筋直径不应小于搭接钢筋较大直径的0.25倍;②受拉搭接区段的箍筋间距不应大于搭接钢筋较小直径的5倍,且不应大于100mm;③受压搭接区段的箍筋间距不应大于搭接钢筋较小直径的10倍,且不应大于200mm;④当柱中纵向受力钢筋直径大于25mm时,应在搭接接头两个端面外100mm范围内各设置两个箍筋,其间距宜为50mm。 (第5.4.7条)	
		施工操作依据		
		质量检查记录		

续表

施工单位检查结果评定	项目专业质量检查员：	项目专业技术负责人： 年　月　日
监理(建设)单位验收结论	专业监理工程师： (建设单位项目专业技术负责人)	年　月　日

表3-5　钢筋安装检验批质量验收记录

(GB 50204—2002)　　　　　　编号：010602(4)／020102(4)□□□

工程名称		分项工程名称		项目经理	
施工单位		验收部位			
施工执行标准名称及编号				专业工长(施工员)	
分包单位		分包项目经理		施工班组长	

	质量验收规范的规定				施工单位自检记录	监理(建设)单位验收记录
主控项目	钢筋安装时，受力钢筋的品种、级别、规格和数量必须符合设计要求。					
一般项目	钢筋安装位置的偏差	项　目		允许偏差(mm)		
		绑扎钢筋网	长、宽	±10		
			网眼尺寸	±20		
		绑扎钢筋骨架	长	±10		
			宽、高	±5		
		受力钢筋	间距	±10		
			排距	±5		
			保护层厚度	基础	±10	
				柱、梁	±5	
				板、墙、壳	±3	
		绑扎钢筋、横向钢筋间距		±20		
		钢筋弯起点位置		20		
		预埋件	中心线位置	5		
			水平高差	+3，0		

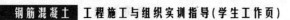

续表

施工操作依据		
质量检查记录		
施工单位检查 结果评定	项目专业 质量检查员：	项目专业 技术负责人： 年　月　日
监理（建设） 单位验收结论	专业监理工程师： （建设单位项目专业技术负责人）	 年　月　日

 实地调查

　　钢筋工程在实际作业中，非常容易出现一些质量通病。请到施工现场调查并汇总常见的有关钢筋的质量通病，并与现场施工员一起探讨其防治措施。

评价与反馈

各项目部根据学习任务完成情况，由项目经理组织项目部成员进行自评和互评，教师综合考评学生的学习态度和工作成果。表3-6至表3-9分别为检查表、评价表、成绩评定表和教学反馈单。

表3-6 检查表

学习领域	钢筋混凝土工程施工与组织			
学习情境3	钢筋制作		学时	28
序号	检查项目	检查标准	学生自检	教师检查
1	工作计划制订	是否全面、可行、合理		
2	资料查阅和收集	是否认真、仔细、全面、准确		
3	工具使用和保管	是否适当、完好、没有损坏或丢失		
4	角色扮演	是否尽职尽责		
5	技术水平	是否圆满完成相应的技术工作		
6	表达能力	发言或讲演时是否大胆，且表述流畅		
7	协作精神	在项目部中能否与其他成员互助协作		
8	领导才能	担任项目经理期间，是否表现出领导才能		
9	创新意识	是否有更多的方案、想法和思路		
10	发现和解决问题	是否经常提出问题，或者解决实际问题		

		班级		第__组	组长签字	
检查评价		教师签字			日期	
	评语：					

表 3-7　评价表

学习领域	钢筋混凝土工程施工与组织				
学习情境 3	钢筋制作			学时	28
评价类别	项目	子项目	个人评价	组内互评	教师评价
操作评价	钢筋翻样	计算过程和方法			
		计算结果			
	钢筋加工	对机具的认识			
		简单操作			
	钢筋绑扎	操作能力			
		发现和解决问题			
	钢筋验收	过程记录			
		标准的应用			
		完成质量			
综合评价	班级		第__组	组长签字	
	教师签字			日期	
	评语：				

表 3-8　成绩评定表

序号	考评项目	分值	考核办法	教师评价（权重 50%）	组内评价（权重 30%）	学生自评（权重 20%）
1	学习态度	20	出勤率及课内表现			
2	学习能力	20	资料收集及完成基础知识和施工方案情况			
3	操作能力	20	完成技术交底和实训质量			
4	分析能力	20	方案讨论及合理化建议			
5	团队协作能力	20	小组协作及辅助老师指导他人的情况			
	合计	100				
			总分			

表 3-9　教学反馈单

学习领域	钢筋混凝土工程施工与组织			
学习情境 3	钢筋制作	学时		28
序号	调查内容	是	否	理由陈述
1	你认为有关钢筋的学习内容很重要吗?			
2	你觉得本情境用大量时间训练结构图识读有必要吗?			
3	你感觉结构图识读很困难吗?			
4	施工现场的钢筋翻样方法和我们按照教材所做的一致吗?			
5	你对钢筋加工中的操作规程印象很深吗?			
6	你和工人师傅相比是否更有理论功底,并知道钢筋绑扎要点?			
7	通过实训,你对受力钢筋和构造钢筋的理解更进一步了吗?			
8	你所在的项目部表现出色吗?			
9	你的表现项目部成员满意吗?			
10	你感觉到你自己的能力提高了吗?			
11	教师讲得不多,你觉得教师实际工作的水平还可以吗?			
12	外聘教师的理论水平比较低吗?			
13	你满意学校的实训基地吗?			
14	校外实训基地的操作难度大吗?			
15	你对工学结合课程的教学方法有异议吗?			

你的意见对改进教学非常重要,请写出你的建议和意见:

调查信息	被调查人签名		调查时间	

学习情境 4

混凝土浇筑

学习任务结构图

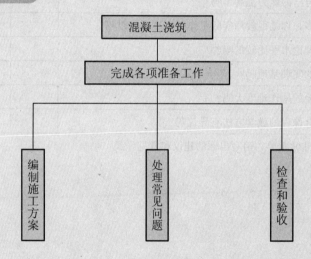

```
              混凝土浇筑
                 │
           完成各项准备工作
        ┌────────┼────────┐
    编制施工方案   处理常见问题   检查和验收
```

4.1　准　备

1. 分组并成立项目部

在教师的帮助指导下，对学生实施异质分组。原则上每组以 10 人为限，组成项目部，组长兼任项目经理。项目经理采用自荐和推荐相结合的方式确定，其他岗位由组长（项目经理）和其他成员商议确定，同时填写岗位表。

第　　项目部

姓　名	职　务	岗位职责

2. 阅读任务书

任务书见表 4-1。

表 4-1　任务书

任　务　书		
序　号	任务名称	主要内容及要求
1	编制施工方案	（1）到校外实训基地（或通过视频）观看混凝土浇筑全过程。 （2）到校外实训基地查阅混凝土浇筑施工方案和技术交底。 （3）到商品混凝土搅拌站（或建材实验室）查阅不同强度等级混凝土的配合比情况。 （4）查阅混凝土浇筑的操作规程和混凝土验收标准。 （5）根据教师提供的图纸，编制混凝土施工方案。
2	处理常见问题	（1）到施工现场向施工员和工人师傅了解混凝土工程中常见的质量问题。 （2）到校外实训基地观看混凝土浇筑过程和拆模后的混凝土外观，记录现场出现的各种问题。 （3）汇总常见问题，由项目部组织讨论，提出处理方案和改进措施。

序　号	任务名称	主要内容及要求
	任　务　书	
3	检查和验收	（1）到校外实训基地对已经浇筑完成的混凝土构件进行模拟检查和验收。 （2）填写相关的验收表格。

3. 识读施工图

根据教师提供的混合结构、框架（框架—剪力墙）结构的施工图纸，由施工员组织项目部全体人员进行识读，要求明确以下内容。

（1）建筑物的基本概况，包括使用性质、建筑面积、结构形式、层数和高度、平面形状。（2）建筑物的细部尺寸，包括室内房间的开间和进深、建筑层高、每个楼层的建筑标高和结构标高、建筑物的总长度和总宽度。

（3）建筑物的结构构件，包括梁板柱的布置形式、板的厚度、各种梁（有框架梁、主梁、次梁、连续梁、悬臂梁等）的宽度与高度、柱的截面尺寸。

（4）建筑物不同标高、不同部位、不同构件的混凝土强度等级。

4. 收集信息

收集必备的资料，掌握相关信息是完成学习任务的关键。信息除了可以从教材、工作页中收集外，还可以通过其他渠道获得。

（1）学校图书馆和系部资料室。

（2）一体化教室准备的手册、图纸、图集等。

（3）课程网站提供的共享资源。

（4）互联网查阅。

5. 领取技术资料和工具

根据任务书的要求，由资料员领取相关技术资料，由材料员领取完成任务所需要的工具和材料，同时按下表填写台账。

资料（材料）收发台账

序号	资料（材料）名称	领取数量	领取日期	归还日期	领取人

4.2　计　　划

　　每个项目部的项目经理按照任务书的内容，组织成员进行分工协作，并制订工作计划。工作计划要有完成学习任务的途径和方法、主要责任人、验收要点等。工作计划可用表格的形式报送教师，经修正批准后按此实施。

　　每个项目部可将自己的计划介绍给大家，比较一下哪个项目部的计划做得科学完善！

工作计划

任务名称	完成任务的方法和途径	验收要点	完成时间	责任人

4.3　实　　施

 引导问题 1：怎样制定混凝土施工方案？

　　（1）混凝土施工方案是指导施工的重要文件之一，但在实际工作中，施工员和操作工人往往并不重视它的指导意义。目前，商品住宅需要进行分户验收，防治质量通病的呼声日渐升高，钢筋混凝土结构中的构件尺度和复杂程度也逐年增大。因此，编制适当的施工方案，并认真在实际工程中落实到位，是非常重要的工作，也必须引起大家的高度重视。

　　为了编制适当的施工方案，首先要对混凝土有一个比较全面的认识才行。普通混凝土的应用范围是最为广泛的，需详细阐述普通混凝土有哪些优点，又有哪些缺点？用图片和视频向大家展示普通混凝土的应用范围。图 4.1 所示为普通混凝土的应用，图 4.2 所示为

图 4.1　普通混凝土的应用

图 4.2　混凝土砌块

混凝土砌块，图 4.3 所示为道路用混凝土。

图 4.3 道路用混凝土

（2）在混凝土建筑物中，由于各个部位所处的环境、工作条件不相同，它们对混凝土性能的要求也不一样，所以必须根据具体情况采用不同性能的混凝土，在满足性能要求的前提下获得显著的经济效益。

混凝土的性能包括两个部分：一是混凝土硬化之前的性能，主要指和易性；二是混凝土硬化之后的性能，包括强度、变形性能、耐久性等。通过实例讲述混凝土拌合物的和易性在实际工程中的意义。图 4.4 所示为商品混凝土运输车。

图 4.4 商品混凝土运输车

特别提示

混凝土的各组成材料按一定比例搅拌而制得的未凝固的混合材料称为混凝土拌合物。对混凝土拌合物的要求主要是使运输、浇筑、捣实和表面处理等施工过程易于进行，减少离析，从而保证良好的浇筑质量，进而为保证混凝土的强度和耐久性创造必要的条件。

（3）强度是混凝土最重要的力学性能，通常用混凝土强度来评定和控制混凝土的质量，如图 4.5 所示。混凝土强度包括抗压强度、抗拉强度、抗弯强度、抗剪强度和与钢筋的黏结强度等。其中抗压强度最大，抗拉强度最小，抗压强度约为抗拉强度的 10～20 倍，工程中大部分都采用混凝土的立方体抗压强度作为设计依据。图 4.6 显示了混凝土收缩应力抗拉强度和徐变的关系。你知道这些强度是怎样规定的，其数值各为多少吗？

① 混凝土立方体抗压强度。

② 混凝土轴心抗压强度。

③ 混凝土抗拉强度。

④ 混凝土抗弯强度。

图 4.5　混凝土强度检测

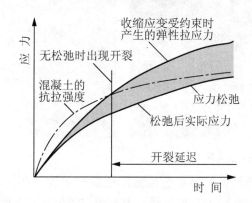

图 4.6　混凝土收缩应力抗拉强度和徐变的关系

（4）混凝土抵抗环境介质作用并长期保持其良好的使用性能的能力称为混凝土的耐久性。我国混凝土结构设计规范将混凝土结构耐久性设计作为一项重要内容。

混凝土耐久性包括抗渗性、抗冻性、抗腐蚀性、抗碳化性、碱—骨料反应干缩、耐磨性等。简述这些特性的含义，并指明它们在何种环境下有着特别重要的意义。

图 4.7 至图 4.10 为建筑物中出现的混凝土问题。

① 抗渗性。

② 抗冻性。

③ 抗腐蚀性。

④ 抗碳化性。

⑤混凝土的碱—骨料反应。

⑥ 干缩。

⑦ 耐磨。

图4.7 房屋墙角开裂

图4.8 天桥面裂缝

图4.9 混凝土脱落

图4.10 混凝土渗漏

（5）特种功能、特殊材料的混凝土虽然使用量相对少一些，但也是不可替代的一部分。查阅资料找一找特种混凝土都有哪些，用图片和视频向大家展示特种混凝土的应用范围。图4.11、图4.12和图4.13为混凝土在实际工程中的应用实例。

① 特种功能混凝土。

a. 耐热混凝土。

b. 耐油混凝土。

② 防水混凝土。

③ 耐酸混凝土。

④ 耐碱混凝土。

⑤ 特殊材料混凝土。

a. 轻骨料混凝土。

b. 流态混凝土。

c. 泡沫混凝土。

d. 纤维混凝土。

e. 补偿收缩混凝土。

图 4.11 杭州湾跨海大桥

图 4.12 舟山跨海大桥

图 4.13 三门核电站

（6）商品混凝土在建筑工程中已经被广泛应用，对混凝土工程而言是一项重大的技术进步。混凝土在拌制质量、运输时间、浇筑速度等方面都有了很大的提高。商品混凝土按使用要求分为通用品和特制品两类。详细讲述这两类混凝土的特征和应用条件。图 4.14 和图 4.15 所示分别为混凝土搅拌厂和混凝土搅拌站，图 4.16 和图 4.17 所示分别为混凝土的输送和运输。

① 商品混凝土的特点。

② 商品混凝土的分类。

③ 商品混凝土在实际工程中应该注意的各类事项。

图 4.14　混凝土搅拌厂

图 4.15　混凝土搅拌站

图 4.16　混凝土的输送

图 4.17　混凝土的运输

知识链接

　　混凝土拌合料的比例不同，其强度等级也不相同，为配制符合设计强度等级要求的混凝土，所做的拌合料配合比计算称为混凝土配合比设计。因为商品混凝土的普及和应用，混凝土配合比设计这项工作转到了搅拌站，并由计算机进行计量和投料控制。

　　混凝土应根据实际采用的原材料进行配合比设计并按普通混凝土拌合物性能试验方法等标准进行试验、试配，以满足混凝土强度、耐久性和工作性(坍落度等)的要求，不得采用经验配合比。同时，应符合经济、合理的原则。

　　实际生产时，对首次使用的混凝土配合比应进行开盘鉴定，并至少留置一组28d标准养护试件，以验证混凝土的实际质量与设计要求的一致性。施工单位应注意积累相关资料，以利于提高配合比设计水平。

　　生产混凝土时，砂、石的实际含水率可能与配合比设计存在差异，故应测定实际含水率并相应地调整材料用量。

根据《混凝土结构工程施工质量验收规范》（GB 50204—2002）的规定，混凝土配合比设计应符合相关要求。

我国现行的《普通混凝土配合比设计规程》（JGJ 55—2000）中采用了绝对体积法和假定重量法两种配合比设计方法。所谓绝对体积法（简称"体积法"），是指根据填充理论进行设计，即将混凝土按体积配制粗骨料、细骨料填充粗骨料空隙并考虑混凝土的工作性能确定砂率，根据强度要求及其他要求确定用胶量和水胶比的混凝土配制方法。重量法则是假定混凝土的重量，考虑混凝土的不同要求，采用不同重量比的设计方法。

普通混凝土的配合比设计，一般应根据混凝土强度等级及施工所要求的混凝土拌合物坍落度（或维勃稠度）指标进行。如果混凝土还有其他技术性能要求，除在计算和试配过程中予以考虑外，还应增添相应的试验项目，通过试验确认理论计算是否可靠，然后通过调整得到正式施工可用的配合比。

（7）混凝土配合比设计虽然已经不是施工员的工作任务了，但施工员仍应了解其基本的设计方法和步骤，并从中体会混凝土强度等级和拌合料的关系。

① 普通混凝土配合比设计的基本要求是什么？

② 配合比设计的3个参数分别是什么？

③ 简述配合比设计的实施步骤。

（8）清楚了混凝土的基本性能，这只是编制混凝土施工方案的第一步。如果不了解混凝土的操作规程和工程特点，施工方案也就不会有操作性和针对性。

到校外实训基地观看了混凝土浇筑的全过程后，你对混凝土施工工艺和操作流程的认识有多少呢？

① 谈谈混凝土浇筑前应做哪些准备？

② 在混凝土运输过程中要注意哪些事项？

③ 混凝土浇筑（图4.18）和振捣（图4.19）有哪些规定？

图4.18 混凝土浇筑

图4.19 混凝土振捣

（9）由于建筑物较长或者流水作业段的划分等缘故，楼层不能一次浇筑完成，如果遇到特殊情况，中间停歇时间超过2h以上，楼板层浇筑也无法一次浇筑完成。在这种情况下就应设置施工缝或在设计上留出后浇带，以解决混凝土无法连续浇筑的问题。

① 你知道施工缝应该留设在什么位置吗?

施工缝留置于结构受力较小且便于施工的部位。例如框架肋形楼盖施工缝的留置,如图 4.20 所示。详细说明框架结构其他基本构件施工缝留置的部位。

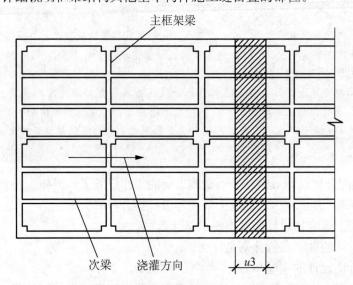

主框架梁

次梁 浇灌方向 $u3$

图 4.20 框架肋形楼盖施工缝留设位置

② 施工缝是临时留设的,再次浇筑时需要对接茬的施工缝进行怎样的处理? 图 4.21 所示为施工缝的处理。

(10) 与施工缝不同,后浇带宽度较大,它是在设计上设置的构造"缝",主要是由于房屋尺寸过长而人为设置的需要二次浇筑的条带。这样处理比现场当时留置的缝要规矩、整齐,在支模板时即可留设,同时也是为了房屋外观而用后浇带代替伸缩缝。图 4.21 为后浇带留设。查阅相关资料后回答以下问题。

① 后浇带的位置通常怎样留设? 其作用是什么?

② 后浇带的施工有哪些特殊要求?

图 4.21 后浇带留设

（11）混凝土浇筑完成后，逐渐凝结硬化，强度也不断增长，这主要通过水泥的水化作用来实现，而水泥的水化作用又必须在适当的温度和湿度条件下进行，混凝土的养护就是为了达到这个目的。对已浇筑完毕的混凝土，应加以覆盖和浇水养护。详细说明关于混凝土养护的有关规定。

（12）以项目部为单位，按照教师发放的图纸和预定的条件编制混凝土施工方案，并用 PPT 的形式向大家展示汇报。

 引导问题 2： 如何处理混凝土施工中的常见问题？

（13）在混凝土工程施工现场经常会遇到很多问题，同学们到施工现场向施工员和工人师傅了解一下混凝土施工中常见的质量问题，并进行分类汇总。查阅资料，探讨下述问题，并分题目进行讲演。

① 露筋（图 4.22）、孔洞、蜂窝、疏松、冷缝、夹渣、外形缺陷（图 4.23）产生的原因及其预防措施。

② 柱、墙"烂根"的原因及预防措施。

③ 墙板或楼板产生裂缝的原因及预防措施。

④ 柱子轴线移位及垂直偏移的原因是什么？怎样防范？

图 4.22　露筋现象　　　　　　　　　　　　图 4.23　外形缺陷

（14）泵送混凝土就是用混凝土输送泵将混凝土输送到施工工作面上的一种混凝土。进行混凝土泵送前，需要输送水和润泵材料，疏通管路。按照《混凝土泵送施工技术规程》（JGJ/10—1995）规定，泵送混凝土润泵砂浆一般采用与水泥浆之比为 1∶2 的水泥砂浆或与混凝土内除粗骨料外的其他成分相同配合比的水泥砂浆，使输送泵活塞和管道内壁充分润滑，形成一层润滑膜，从而有效减少混凝土与管道的流动阻力，避免因管道粘浆而引起的阻塞现象，以实现正常泵送，其作用一般仅是润泵。图 4.24 为混凝土泵车，图 4.25 为混凝土的泵送。

但润泵砂浆作为泵送混凝土的附属物，在实际应用中却很不规范。在泵送混凝土的过程中润泵砂浆应该如何使用才算正确？

图 4.24　混凝土泵车

图 4.25　混凝土泵送

（15）混凝土实际浇筑会遇到很多困难，到施工现场看看下面问题是怎样解决的，是否合理？有没有更好的解决方法？

① 现浇钢筋混凝土斜板是怎样浇筑的？

② 梁柱节点处不同强度等级的混凝土如何处理？

③ 板式楼梯施工缝的留置是否规范？应该怎样留才是正确的？

④ 结构后浇带混凝土施工质量如何控制？

⑤ 进行大体积混凝土浇筑（图 4.26）时可采取什么降温措施？测温点布置图如图 4.27 所示。

图 4.26　大体积混凝土浇筑

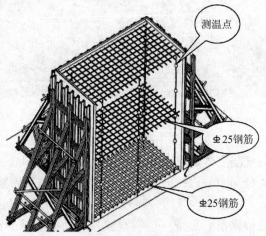

图 4.27　测温点布置图

（16）新技术和新工艺不断涌现，你了解多少呢？向指导教师、外聘教师、现场施工员以及工人师傅请教，并查阅资料，看看自己是否了解这些技术。

① 大型地下车库无缝防水施工新技术。

② 混凝土缺陷的预防与修补新方案。

③ 采用注浆法治理地下室混凝土墙体细微裂缝的工艺。墙体裂缝如图 4.28 所示。

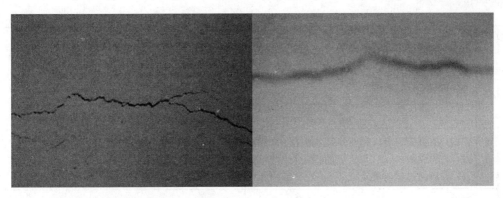

图4.28　墙体裂缝

 引导问题3：怎样对混凝土工程实施检查和验收？

（17）混凝土分项工程的检查和验收同钢筋分项工程基本相同。说明检查的方法、验收的程序和验收的内容。由教师带学生到校外实训基地，对已经浇筑完成的混凝土构件进行模拟验收，并填写验收表。表4-2至表4-6分别为混凝土原材料检验批质量验收记录、混凝土配合比设计检验批质量验收记录、混凝土施工检验批质量验收记录、现浇结构外观质量检验批质量验收记录和现浇结构尺寸偏差检验批质量验收记录。

表4-2　混凝土原材料检验批质量验收记录

（GB 50204—2002）　　　　　　编号：010603(1)/020103(2)□□□

工程名称			分项工程名称		项目经理	
施工单位			验收部位			
施工执行标准名称及编号					专业工长（施工员）	
分包单位			分包项目经理		施工班组长	
质量验收规范的规定			施工单位自检记录		监理（建设）单位验收记录	
主控项目	1	水泥检验	（第7.2.1条）			
	2	外加剂	质量及应用技术应符合《混凝土外加剂》GB 8076、《混凝土外加剂应用技术规范》GB 50119 等有关环境保护的规定。在预应力混凝土结构中，严禁使用含氯化物的外加剂，在钢筋混凝土结构中，当使用含氯化物的外加剂时，其含量应符合《混凝土质量控制标准》GB 50164 的规定。（第7.2.2条）			

续表

主控项目	3	氯化物及碱含量	混凝土中总含量应符合《混凝土结构设计规范》GB 50010 和设计的要求。 (第7.2.3条)		
一般项目	1	矿物掺合料	质量应符合《用于水泥和混凝土中的粉煤灰》GB 1596 等的规定,其掺量应通过试验确定。		
	2	粗细骨料	(第7.2.5条)		
	3	拌制用水	宜采用饮用水;当采用其他水源时,水质应符合《混凝土拌合用水标准》JGJ 63 的规定。 (第7.2.6条)		
		施工操作依据			
		质量检查记录			

施工单位检查 结果评定	项目专业 质量检查员:	项目专业 技术负责人: 年 月 日
监理(建设) 单位验收结论	专业监理工程师: (建设单位项目专业技术负责人)	 年 月 日

表4-3 混凝土配合比设计检验批质量验收记录

(GB 50204—2002)   编号:010603(2) /020103(2) □□□□

工程名称			分项工程名称		项目经理	
施工单位			验收部位			
施工执行标准 名称及编号					专业工长 (施工员)	
分包单位			分包项目经理		施工班组长	
	质量验收规范的规定		施工单位自检记录		监理(建设) 单位验收记录	
主控项目	1	配合比设计	混凝土应按规定进行配合比设计。 (第7.3.1条)			

续表

			质量验收规范的规定	施工单位自检记录	监理(建设)单位验收记录
一般项目	1	配合比鉴定及验证	首次使用的配合比应进行开盘鉴定，其工作性应满足设计配合比的要求，开始生产时应至少留置一组标准养护试件，作为验证的依据。（第7.3.2条）		
	2	施工配合比	进行混凝土拌制前，应测定砂、石含水率并根据测试结果调整材料用量，提出施工配合比。（第7.3.3条）		

施工操作依据	
质量检查记录	

施工单位检查结果评定	项目专业质量检查员：	项目专业技术负责人： 年　　月　　日
监理(建设)单位验收结论	专业监理工程师： （建设单位项目专业技术负责人）	 年　　月　　日

表4-4　混凝土施工检验批质量验收记录

（GB 50204—2002）　　　　　　　　编号：010603(3) /020103(3) □□□□

工程名称		分项工程名称		项目经理	
施工单位		验收部位			
施工执行标准名称及编号				专业工长（施工员）	
分包单位		分包项目经理		施工班组长	

			质量验收规范的规定	施工单位自检记录	监理(建设)单位验收记录
主控项目	1	混凝土强度及试件取样留置	（第7.4.1条）		
	2	抗渗混凝土试件	应在浇筑地点随机取样，对于同一工程、同一配合比的混凝土，取样不应少于一次，留置组数可根据实际需要确定。（第7.4.2条）		

续表

		材料名称	允许偏差	实　测　值							
主控项目	3	混凝土原材料每盘称量的偏差（第7.4.3条）	水泥、掺合料	±2%							
			粗、细骨料	±3%							
			水、外加剂	±2%							
	4	混凝土运输、浇筑及间歇	全部时间不应超过混凝土的初凝时间，同一施工段的混凝土应连续浇筑，并应在底层混凝土初凝之前将上一层混凝土浇筑完毕，当底层混凝土初凝后浇筑上一层混凝土时，应按施工缝的要求进行处理。　（第7.4.4条）								
一般项目	1	施工缝留置及处理	按设计要求和施工技术方案确定。（第7.4.5条）								
	2	后浇带留置位置	按设计要求和施工技术方案确定，混凝土浇筑应按施工技术方案进行。（第7.4.6条）								
	3	养护	（第7.4.7条）								

施工操作依据

质量检查记录

施工单位检查结果评定	项目专业质量检查员：	项目专业技术负责人：　　　年　月　日

表4-5　现浇结构外观质量检验批质量验收记录

（GB 50204—2002）　　　　　编号：010603（4）/020105（1）□□□

工程名称		分项工程名称		项目经理	
施工单位		验收部位			
施工执行标准名称及编号				专业工长（施工员）	

分包单位			分包项目经理	施工班组长
质量验收规范的规定			施工单位自检记录	监理(建设)单位验收记录
主控项目	外观质量	不应有严重缺陷。对已经出现的严重缺陷，应由施工单位提出技术处理方案，并经监理(建设)单位认可后进行处理，对经处理的部位，应重新检查验收。　　(第8.2.1条)		
一般项目	外观质量	不宜有一般缺陷。对已经出现的一般缺陷，应由施工单位按技术处理方案进行处理，并重新检查验收。　　(第8.2.2条)		
施工操作依据				
质量检查记录				
施工单位检查结果评定		项目专业质量检查员：	项目专业技术负责人：　　　　　　　　年　月　日	
监理(建设)单位验收结论		专业监理工程师：(建设单位项目专业技术负责人)　　　　　　　　年　月　日		

表4-6　现浇结构尺寸偏差检验批质量验收记录(Ⅰ)

(GB 50204—2002)　　　　　　　编号：010603(5) /020105(2) □□□

工程名称		分项工程名称		项目经理	
施工单位		验收部位			
施工执行标准名称及编号				专业工长(施工员)	
分包单位		分包项目经理		施工班组长	
质量验收规范的规定		施工单位自检记录		监理(建设)单位验收记录	

			允许偏差（mm）	实 测 值
主控项目	尺寸偏差	不应有影响结构性能和使用功能的尺寸偏差； 对超过尺寸允许偏差且影响结构性能和安装、使用功能的部位，应由施工单位提出技术处理方案，并经监理（建设）单位认可后进行处理。对经处理的部位，应重新检查验收。（第8.3.1条）		
一般项目	拆模后的尺寸偏差（第8.3.2条）	**轴线位置** 基础	15	
		独立基础	10	
		墙、柱、梁	8	
		剪力墙	5	
		垂直度 层高 ≤5m	8	
		层高 >5m	10	
		全高（H）	H/1000 且≤30	
		标高 层 高	10	
		全 高	30	
		截面尺寸	+8，−5	
		电梯井 井筒长、宽对定位中心线	+25，0	
		井筒全高（H）垂直度	H/1000 且≤30	
		表面平整度	8	
		预埋设施中心位置 预埋件	10	
		预埋螺栓	5	
		预埋管	5	
		预留洞中心线位置	15	
	施工操作依据			
	质量检查记录			

施工单位检查 结果评定	项目专业 质量检查员：　　　　　项目专业 技术负责人： 　　　　　　　　　　　　　　　　年　月　日
监理（建设） 单位验收结论	专业监理工程师： （建设单位项目专业技术负责人） 　　　　　　　　　　　　　　　　年　月　日

评价与反馈

　　各项目部根据学习任务完成情况，由项目经理组织项目部成员进行自评和互评，教师综合考评学生学习态度和工作成果。表4-7至表4-10分别为检查表、评价表、成绩评定表和教学反馈单。

表4-7　检查表

学习领域	钢筋混凝土工程施工与组织			
学习情境4	混凝土浇筑		学时	28
序号	检查项目	检查标准	学生自检	教师检查
1	工作计划制订	是否全面、可行、合理		
2	资料查阅和收集	是否认真、仔细、全面、准确		
3	工具使用和保管	是否适当、完好、没有损坏或丢失		
4	角色扮演	是否尽职尽责		
5	技术水平	是否圆满完成相应的技术工作		
6	表达能力	发言或讲演时是否大胆，且表述流畅		
7	协作精神	在项目部中能否与其他成员互助协作		
8	领导才能	在担任项目经理期间，是否表现出领导才能		
9	创新意识	是否有更多的方案、想法和思路		
10	发现和解决问题	是否经常提出问题，或者解决实际问题		

	班级		第__组	组长签字	
	教师签字			日期	
检查评价	评语：				

表 4-8　评价表

学习领域	钢筋混凝土工程施工与组织				
学习情境 4	混凝土浇筑			学时	28
评价类别	项目	子项目	个人评价	组内互评	教师评价
操作评价	编制施工方案	现场观看情况			
		调查结果			
		分析汇总能力			
		方案编制			
	处理常见问题	发现问题			
		问题分类和汇总			
		解决问题的方法			
		讲演方法			
	检查和验收	过程记录			
		标准的应用			
		完成质量			
综合评价	班级		第__组	组长签字	
	教师签字			日期	
	评语：				

表 4-9　成绩评定表

序号	考评项目	分值	考核办法	教师评价（权重 50%）	组内评价（权重 30%）	学生自评（权重 20%）
1	学习态度	20	出勤率及课内表现			
2	学习能力	20	资料收集及完成基础知识和施工方案情况			
3	操作能力	20	完成技术交底和实训质量			
4	分析能力	20	方案讨论及合理化建议			
5	团队协作能力	20	小组协作及辅助老师指导他人情况			
	合计	100				
			总分			

表 4-10 教学反馈单

学习领域	钢筋混凝土工程施工与组织			
学习情境 4	混凝土浇筑	学时		28
序号	调查内容	是	否	理由陈述
1	你认为有关混凝土的学习内容很简单吗？			
2	你觉得本情境用大量时间到施工现场有必要吗？			
3	你感觉商品混凝土的质量很好控制吗？			
4	工人的操作方法和书本里的操作规程一致吗？			
5	你对混凝土的外观缺陷印象很深吗？			
6	工人师傅是否有很多现场经验？			
7	通过实训，你对混凝土工程的认识很全面吗？			
8	你所在的项目部出色吗？			
9	你的表现项目部成员满意吗？			
10	你感觉到你自己很有能力了吗？			
11	你对实际工作感兴趣吗？			
12	外聘教师理论水平比较低吗？			
13	你对学校实训基地满意吗？			
14	校外实训基地的操作难度大吗？			
15	你对工学结合课程的教学方法有异议吗？			

你的意见对改进教学非常重要，请写出你的建议和意见：

调查信息	被调查人签名		调查时间	

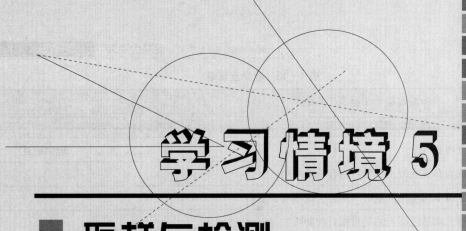

学习情境5

取样与检测

学习任务结构图

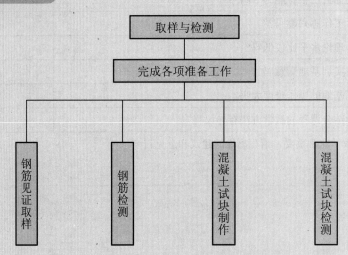

取样与检测

完成各项准备工作

钢筋见证取样   钢筋检测   混凝土试块制作   混凝土试块检测

5.1　准　备

1. 分组并成立项目部

在教师的帮助指导下，对学生实施异质分组。原则上每组以 10 人为限，组成项目部，组长兼项目经理。项目经理采用自荐和推荐相结合的方式确定，其他岗位由组长(项目经理)和其他成员商议确定，同时填写岗位表。

第　　项目部

姓　名	职　务	岗 位 职 责

2. 阅读任务书

任务书见表 5-1。

表 5-1　任务书

任 务 书		
序　号	任务名称	主要内容及要求
1	钢筋见证取样	(1) 在校内实训基地对不同型号的钢筋进行模拟见证取样。 (2) 到校外实训基地观看钢筋见证取样全过程。
2	钢筋检测	(1) 将钢筋样本送到实验室进行检测。 (2) 填写钢筋检测报告。 (3) 到材料检测中心观看(或视频观看)钢筋检测全过程并查阅钢筋检测报告。
3	混凝土试块制作	(1) 在校内实训基地制作不同强度等级(C15、C20、C25、C30、C35、C40 以及相应强度等级的抗渗 P6)的混凝土试块。 (2) 到校外实训基地观看试块制作的全过程。 (3) 对已经做好的试块进行养护。

续表

任 务 书		
序 号	任务名称	主要内容及要求
4	混凝土试块检测	(1) 将已经达到龄期的混凝土试块送到实验室检测。 (2) 填写检测报告。 (3) 到材料检测中心观看(或通过视频观看)混凝土试块的检测全过程并查阅混凝土检测报告。

3. 识读施工图

根据教师提供的混合结构、框架(框架—剪力墙)结构的施工图纸,由施工员组织项目部全体人员进行识读,要求明确以下内容。

(1) 建筑物的基本概况,包括使用性质、建筑面积、结构形式、层数和高度、平面形状。

(2) 建筑物的细部尺寸,包括室内房间的大小与标高、建筑物的总长度和总宽度等。

(3) 建筑物的结构总说明,包括钢筋混凝土构件使用的钢筋类别(Ⅰ级钢、Ⅱ级钢或者其他)、不同构件的混凝土强度等级。

4. 收集信息

收集必备的资料,掌握相关信息是完成学习任务的关键。信息除了可以从教材、工作页中收集外,也可以通过其他渠道获得。

(1) 学校图书馆和系部资料室。

(2) 一体化教室准备的手册、图纸、图集等。

(3) 课程网站提供的共享资源。

(4) 互联网查阅。

5. 领取技术资料和工具

根据任务书的要求,由资料员领取相关技术资料,由材料员领取完成任务所需要的工具和材料,同时按下表填写台账。

资料(材料)收发台账

序号	资料(材料)名称	领取数量	领取日期	归还日期	领取人

5.2　计　划

每个项目部的项目经理按照任务书的内容，组织成员进行分工协作，并制订工作计划。工作计划要有完成学习任务的途径和方法、主要责任人、验收要点等。工作计划可用表格的形式报送教师，经修正批准后按此实施。

每个项目部可将自己的计划介绍给大家，比较一下哪个项目部的计划做得科学完善！

工作计划

任务名称	完成任务的方法和途径	验收安全	完成时间	责任人

5.3　实　施

 引导问题 1： 如何对钢筋实施见证取样？

（1）见证取样做为一项保证建筑工程质量的制度，在施工中必须严格按规程操作。那么，你对该制度到底有怎样的认识呢？组织一次讨论会，让学生谈谈自己的观点。

① 见证取样的范围。

② 见证取样和护样送检的程序和要求。

③ 见证员的工作职责。

④ 见证取样的管理措施。

（2）为了便于见证人员在取样现场对所取样品进行封存，防止调换，保证见证取样和护样送样工作的顺利进行，需要有一些实用的送样工具。下面的器具（图 5.1）一般用来装什么样本？施工现场是否还有其他器具？或者下面的工具根本没有人使用？说说你的看法。

（3）钢筋进场时必须先进行技术资料核查和外观检验。如果钢筋的技术资料不齐全，或者钢筋的外观质量有问题，则不允许钢筋进场。图 5.2 为钢筋进场验收。

技术资料查验的内容有出厂合格证书及检验报告单。如果是进口钢筋还必须有化学成分试验报告以及进口国别及质量检验标准。另外，成捆的钢筋还要查看标牌，看钢筋生产厂家、出厂日期、规格和数量等信息是否吻合。

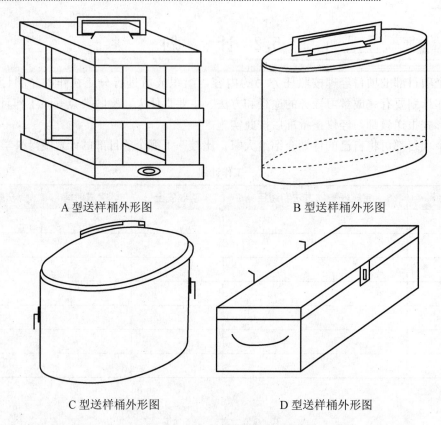

A 型送样桶外形图   B 型送样桶外形图

C 型送样桶外形图   D 型送样桶外形图

图 5.1 4 种不同的送样桶外形图

你知道怎样进行钢筋的外观质量检查吗？详细说明钢筋外观检查的内容、方法和标准。到施工现场看看备用的钢筋和校内实训基地的钢筋在储存方法和外观形态等方面有什么不同。图 5.3、图 5.4 分别为室内钢筋存放和室外钢筋存放的情况，图 5.5 为钢筋的加工场地。

图 5.2 钢筋进场验收

图 5.3 室内钢筋存放

图 5.4　室外钢筋存放　　　　**图 5.5　钢筋的加工场地**

（4）钢筋取样的数量是根据钢筋检验批的规定截取的，所以，要清楚钢筋检验批的组批原则。图 5.6 所示为钢筋的见证取样。例如，热轧钢筋的每一个检验批应由同一牌号、同一炉罐号、同一规格的钢筋组成，质量不大于 60t。也允许由同一牌号、同一冶炼方法、同一浇筑方法的不同炉罐号组成混合批，但各炉罐号含碳量之差不得大于 0.02%，含锰量之差不大于 0.15%。如果是其他钢筋，你知道它们的检验批是怎样规定的吗？

　① 冷轧扭钢筋检验。

　② 冷轧带肋钢筋检验。

　③ 钢筋焊接试件。

图 5.6　钢筋的见证取样

（5）钢筋试件的取样很简单，可查阅资料并到校外实训基地观看取样全过程，然后在校内实训基地进行模拟见证取样。具体操作方法是：以项目部为单位，轮换扮演见证人员和取样操作人员，截取的钢筋样本共同做标记封样并留待检测。图 5.7 所示为截取钢筋试件，图 5.8 所示为送检的钢筋试件。

图 5.7 钢筋试件的截取

图 5.8 送检的钢筋试件

在表 5-2 中填写常用钢材的必试项目、组批原则及取样规定。

表 5-2 常用钢材试验规定

序号	材料名称及 相关标准规范代号	试验项目	组批原则及取样规定
1	碳素结构钢 (GB/T 700—2006)	必试:拉伸试验(屈服点、抗拉强度、伸长率)、弯曲试验	
2	钢筋混凝土用钢第 2 部分:热轧带肋钢筋 (GB 1499.2—2007)	必试:拉伸试验(屈服点、抗拉强度、伸长率)、弯曲试验 其他:反向弯曲、化学成分	
3	钢筋混凝土用钢第 1 部分:热轧光圆钢筋 (GB 1499.1—2008)		
4	钢筋混凝土用余热处理钢筋 (GB/T 701—2008)		
5	低碳钢热轧圆盘条 (GB/T 701—2008)	必试:拉伸试验(屈服点、抗拉强度、伸长率)、弯曲试验 其他:化学成分	

（6）在实际项目中，钢筋焊接试件的检测也占有很大的比重。从施工现场的管理角度看，对焊工和焊接材料有哪些基本要求吗？钢筋焊接施工又应注意哪些事项？

查阅资料并简述钢筋焊接方法及适用范围，同时填写表 5-3 中焊接试件的必试内容。

表 5-3　各类焊接必试项目

焊接种类		必试项目
点焊	焊接骨架、焊接网	
闪光对焊		
电弧焊		
电渣压力焊		
气压焊		
预埋件钢筋 T 形接头		

（7）焊接试件的取样方法与钢筋原材料基本相同，到校外实训基地看看焊接试件是如何截取的，并回答以下问题。

① 钢筋电阻点焊抽取试件的规定。

② 钢筋闪光对焊试件取样的规定。

③ 钢筋电弧焊试件取样的规定。

④ 电渣压力焊试件抽取的规定。

 实地调查

让学生到施工现场走访调查，将调查的结果整理汇总后，以 PPT 的形式进行演示并进行讨论。调查的内容可参考以下题目。

（1）项目部和监理部的哪些人员做取样送检工作？

（2）需要见证取样的试件有哪些？

（3）送检样本能否保证取自施工现场，并将合格材料用于该工程项目？

（4）检测部门出具报告的时间大概为多久？

（5）当地检测机构是否与政府部门有行政隶属关系？

（6）现场有混凝土养护室吗？是否有同条件养护的试块？

（7）混凝土试块采用何种振捣方式制作？

（8）是否保证在正式使用该材料之前完成送样？

（9）样本的真实性如何？

（10）怎样处理不合格的样本？

引导问题2：钢筋如何检测？

（8）为了对钢筋样本进行检测，同学们应查阅以下规范，并明确不同的钢筋样本其检测项目的标准值是多少以及对于每个样本的测试数据，应该怎样进行统计分析并得出检测结论。

①《钢筋混凝土用钢第1部分：热轧光圆钢筋》（GB 1499.1—2008），如图5.9所示。

②《钢筋混凝土用钢第2部分：热轧带肋钢筋》（GB 1499.2—2007）。

③《低碳钢热轧圆盘条》（GB/T 701—2008）。

④《建筑抗震设计规范》（GB 50011—2010），如图5.10所示。

| 图5.9　热轧光圆钢筋标准 | 图5.10　建筑抗震设计规范 |

（9）对钢筋原材料的检测主要是测试其抗拉强度和抗弯强度，对钢筋焊接试件主要检测其拉伸性能。让学生将截取并编号的钢筋和钢筋焊接试件送到实验室，并以项目部为单位对试件进行抗拉及冷弯试验。

在收取试样前，应按项目部成员所扮角色的不同，填写收样单(表5-4)。

特别提示

每个学校的万能试验机可能有所不同，做实验前应在指导教师的帮助下，仔细阅读设备操作说明书，并认真记录指导教师讲解的操作要点和安全规则，确保安全作业。

表5-4　钢筋原材料检测收样单

委托单位			单位编号			送样人		
工程名称			工程地点			联系电话		
见证人、单位(盖章)			样品状态	□有效　□无效		接收人		
检测性能	1. 见证委托　2. 一般委托　3. 抽检			样　品　处　置				
				1. 保留15天		2. 检后销毁　3. 其他		

报告编号	试样编号	钢筋名称	出厂批号	生产厂家	见证数量(t)	检测项目				结构部位	数量
						屈服强度	抗拉强度	伸长率	弯曲		

备注：		检测室签收	
1. 检测依据：检测按 GB/T 228.1—2010，GB/T 232—2010 标准执行			
2. 取报告时间：于检后____天取		样品验证	收发组
3. 取报告方式：□自取　　□其他			检测室

　　送样日期：　　　　　　　　收样单编号：

　　（10）对钢筋焊接试件的检测与钢筋原材料基本一致，检测前也需要填写收样单（表5-5）。

　　（11）对所有钢筋样本均按相同的实验方法进行测试，测试的数据由项目部的资料员记录下来。根据样本统计的方法，计算钢筋试件的实验强度值并填写报告单（表5-6、表5-7）。图5.11、图5.12和图5.13所示分别为检验钢筋的设备、钢筋检验的结果图和测试钢筋的仪器。

表5-5　钢筋焊接接头检测收样单

　　送样日期：　　　　　　　　收样单编号：

委托单位		送样人			送样人联系电话	
工程名称		样品状态	□有效　□无效		接收人	
见证人、单位(盖章)					见证人	
检测性能	1. 见证委托　2. 一般委托　3. 抽检			样　品　处　置		
				1. 保留15天	2. 检后销毁	3. 其他

续表

报告编号	试样编号	钢筋名称	焊接种类	见证数量（个）	检测项目			结构部位	数量
					抗拉强度	端口距离	弯曲		

备注：

1. 检测依据：检测按 JGJ/T 27—2001 标准执行
2. 取报告时间：于检后____天取
3. 取报告方式：□自取　　□其他

检测室签收		
样品验证	收发组	
	检测室	

图 5.11　检验钢筋的设备

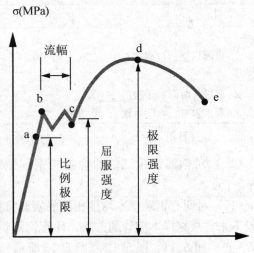

图 5.12　钢筋检验的结果图

图 5.13　测试钢筋的仪器

表 5－6　钢筋力学、工艺性能检测报告

委托单位：
工程名称：
见证单位：

收样单号：
检测类别：
见　证　人：

报告编号：
接样日期：
检测日期：
签发日期：

样品编号	工程部位	钢材牌号	公称直径(mm)	检　测　项　目												
				屈服强度			抗拉强度			伸长率 A（%）			弯曲性能			
				标准要求(MPa)	实测结果		标准要求(MPa)	实测结果		标准要求	实测结果	判定	标准要求	弯曲结果	判定	
					荷载(kN)	强度(MPa)		荷载(kN)	强度(MPa)							

检测依据	GB/T 228.1—2010《金属材料温室拉伸试验方法》、GB/T 232—2010《金属材料弯曲试验方法》
检测结论	
检测设备	
备　注	见证数量：
检测说明	1. 检测环境： 20℃ 2. 样品状态： 有效

声　　明：
1. 报告涂改无效。
2. 检测结果仅对受检样品有效。
3. 报告无批准、审核、检测人签字无效，无检测单位盖章无效。
4. 如对检测结果有异议，应及时向本中心提出。

批准：　　　　审核：　　　　检测：

检测单位：（盖章）

107

表 5-7 钢筋焊接接头检测报告

委托单位：　　　　　　　　　　收样单号：　　　　　　　　　　报告编号：
工程名称：　　　　　　　　　　检测类别：　　　　　　　　　　接样日期：
见证单位：　　　　　　　　　　见 证 人：　　　　　　　　　　检测日期：
　　　　　　　　　　　　　　　　　　　　　　　　　　　　　　签发日期：

试样编号	工程部位	焊接方法	钢材牌号	公称直径(mm)	检 测 项 目								
---	---	---	---	---	拉伸性能						弯曲性能		
					标准要求(Mpa)	实测结果		断裂位置及断裂特征		判定	标准要求	试验结果	判定
						荷载(kN)	强度(Mpa)	标准要求	实测结果				
1													

检测依据　JGJ/T 27—2001《金属焊接接头试验方法标准》

检测结论

检测设备

备注

见证数量：

检测说明　1. 检测环境：20℃
　　　　　2. 样品状态：有效

声　明
1. 报告涂改无效。
2. 检测结果仅对受样品有效。
3. 报告无批准、审核、检测人签字无效，无检测单位盖章无效。
4. 如对检测结果有异议，应及时向本中心提出。

检测单位：(盖章)　　审核：　　批准：　　检测：

知识链接

　　钢筋的抗拉性能是钢筋最重要的性质，因此，有必要再回顾一下相关的知识。

　　钢筋抗拉性能是指其抵抗拉力作用所表现出来的一系列变化，钢筋的抗拉性能可用其受拉时的应力—应变图来阐明（图5.14），要求表述图中钢筋明显变化的4个阶段。

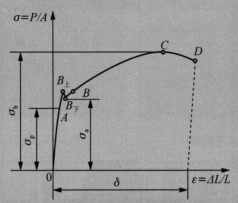

图5.14　低碳钢受拉时的应力—应变曲线

　　（1）弹性阶段（OA 段）。
　　（2）屈服阶段（AB 段）。
　　（3）强化阶段（BC 段）。
　　（4）颈缩阶段（CD 段）。

 引导问题3：怎样制作混凝土试块？

　　（12）制作不同强度等级的混凝土试块，应首先进行混凝土的配合比设计。同学们可以在校内实训基地进行备料，并做出任务书要求的强度等级（抗渗等级）的混凝土配合比。

　　（13）在实际工作中，施工员基本不用做配合比设计这项工作。如果现场拌制混凝土，施工员要将现场购买的水泥、碎石、砂子等送到有资质的实验室进行材料检测，检测合格后再依据测得的含水率等指标，进行配合比试配并最终得到所要求的强度等级（抗渗等级）。现在，商品混凝土的应用已经非常普遍，因此施工员的任务是对到场的混凝土的相关资料进行核查确认，并采集样本并制作混凝土试块。图5.15、图5.16分别为混凝土试块的制作和现场养护场景。

　　为了更好地完成任务，我们不妨在操作之前，先谈谈工作要点。

　　① 混凝土结构性能要求有3个方面：和易性、强度和耐久性，故必须作稠度试验和抗压强度试验（图5.17）。请详细讲解混凝土的和易性、强度和耐久性，并说明明确这些指标的意义。

图 5.15　混凝土试块的制作　　　　图 5.16　混凝土试块的现场养护

图 5.17　混凝土试块的试压

②　混凝土和易性及其坍落度的取样和测定的常用方法有哪些呢？到施工现场问问，钻孔灌注桩、地下连续墙、框架结构楼板层的混凝土坍落度都是多少，并总结规律，说说为什么是这样的。

③　详述商品混凝土样本的取样规则和取样方法。

特别提示

> 根据《民用建筑工程室内环境污染控制规范》（GB 50325—2001）对材料的规定，商品混凝土应测定放射性指标限量。而实际工作中，这项工作却常常被忽略。

（14）按照混凝土样本的取样规则，将混凝土装入标准试块盒（模具）后的工作就是混凝土振捣。在施工现场，混凝土试块的振捣方式有两种：一种是人工振捣，一种是用振动台振捣。在校内实训基地，两种方法都试试，然后根据你的体会和收集的资料分析一下，在什么情况下使用哪种振捣方式最适宜。图 5.18、图 5.19 所示分别为混凝土高频振捣器和附着式振动器。

图 5.18　混凝土高频振捣器

图 5.19　混凝土附着式振动器(平板高频振动器)

特别提示

　　各项目部要注意检查模具是否正常,如果出现变形或其他异常问题要及时更换。对完好无损且没有杂物沉渣的模具,就可以均匀地涂刷脱模剂。入模混凝土振捣完成后,不要忘记做好标记并编号。

　　(15)混凝土试块做好后,需要进行试块脱模和试块养护。先到校外实训基地学习一下,然后再查阅资料,把项目部所做的试块养护好,这也是混凝土试块制作的一道工序,大家要给予重视并回答以下问题。

　　① 混凝土试块何时脱模比较妥当?脱模时应注意什么问题?

② 混凝土试块有标准养护（图 5.20）和同条件养护两种，你知道它们各自的养护条件和养护要求有哪些吗？

图 5.20　混凝土试块的标准养护

 引导问题 4：混凝土试块如何检测？

（16）按照一定配合比制作的混凝土试块，或者现场取样的商品混凝土到底与预期强度是否吻合呢？最有说服力的就是检测结果。在通常情况下，混凝土的抗压强度是必检项目，要用专用压力机进行检验。在材料检测中心，还有其他特定的检测项目。到检测中心看看混凝土试块都怎样检测，并查阅以下资料，做好试验准备。

①《混凝土结构工程施工质量验收规范》（GB 50204—2002）。

②《混凝土强度检验评定标准》（GB/T 50107—2010）。

③《普通混凝土配合比设计规程》（JGJ/T 55—2011）。

④《混凝土泵送施工技术规程》（JGJ/T 10—2011）。

⑤《粉煤灰混凝土应用技术规范》（GB J146—90）。

⑥《预拌混凝土》（GB 14902—2003）。

（17）试块到龄期后，就可以进行检测了，按照见证取样和护样送检的要求，应该先填写收样单（表 5-8、表 5-9）。各项目部可以扮演不同角色，进行模拟操作。表 5-10、表 5-11 分别为混凝土立方体抗压强度检测报告和普通混凝土抗渗性能检测报告。

表 5-8　混凝土试块抗压强度委托检测收样单

送样日期：　　年 月 日　　　　　　　　　　　　　收样单编号：

委托单位							送样人			送样人联系电话			
工程名称							混凝土生产厂家			是否泵送	□是 □否		
报告试验	试样编号	设计等级	构件名称及部位	试块制作日期		试件尺寸（mm）	重量配合比 水泥：水：砂：石：外加剂	坍落度（mm）	水泥品牌种类标号	石子品种及规格（mm）	砂细度模数	养护条件
				年	日							
					1							
					1							
					1							
检测依据	检测按 GB/T 50081—2002 标准							试块数量（块）				
见证人		见证单位(盖章)							接收人			
试块性质	1.拆模　2.同条件　3.标准养护				检验性质		1.见证委托　2.一般委托 3.抽检					
备注	样品状态		检测室验收				样品处理					
	取报告时间	于检后＿＿＿天取	样品验证	收发组			保留15天	检后销毁	抽检			
	取报告方式	□自取　□其他		检测室								

表 5-9　混凝土抗渗检测收样单

送样日期：　　年 月 日　　　　　　　　　　　　　收样单编号：

委托单位		工程编号		送样人联系电话	
工程名称		样品数量（块）		样品状态	□有效□无效
见证单位（盖章）		见证人		代表方量（m³）	

右上角：续表

混凝土生产厂家					是否泵送	□是 □否		接收人			

检测性能		1. 见证委托		2. 一般委托		3. 抽样

检测项目	抗渗性能		样品处理		1. 保留15天	2. 检后销毁	3. 其他

报告编号	试样编号	设计等级	构件名称及部位	试块制作日期		重量配合比	坍落度（mm）	水泥品牌种类标号	石子品种及规格（mm）	砂细度模数	养护条件
				月	日	水泥：水：砂：石：外加剂					

备注：
1. 检测依据：检测按 GB/T 50082—2009 标准执行
2. 取报告时间：于检后____天取
3. 取报告方式：□自取　□其他

检测室签收	
样品验证	收发组
	检测室

（18）在混凝土试块检测过程中，要认真做好记录，并做检测报告。

表 5-10　混凝土立方体抗压强度检测报告

委托单位：　　　　　　　　　　　报告编号：
工程名称：　　收样单号：　　　　委托日期：
见证单位：　　检测类别：　　　　签发日期：
　　　　　　　见证人：

样品编号	设计等级	工程结构部位	制作日期	检测日期	龄期(d)	受压面边长(mm)	配合比水泥:砂浆:石:外加剂	坍落度(mm)	水泥品种及强度等级	石品种及最大粒径(mm)	砂粗细程度	养护条件	最大负荷(kN)	抗压强度(MPa)	换算系数	组试件抗压强度标准值(MPa)	达到设计强度(%)

检测依据　GB/T 50081—2002《普通混凝土力学试验方法标准》

检测设备

备　注　混凝土生产厂家：

检测说明　1. 检测环境：20℃　2. 样品状态：有效

声　明
1. 报告涂改无效。
2. 检测结果仅对受样品有效。
3. 报告无批准、审核、检测人签字无效，无检测单位盖章无效。
4. 如对检测结果有异议，应及时向本中心提出。

检测单位：(盖章)　　　批准：　　　审核：　　　检测：

115

表 5-11　普通混凝土抗渗性能检测报告

委托单位：　　　　　　　　　　　　　　收样单位：　　　　　　　　　　　　报告编号：
工程名称：　　　　　　　　　　　　　　检测类别：　　　　　　　　　　　　接样日期：
见证单位：　　　　　　　　　　　　　　见证人：　　　　　　　　　　　　　检测日期：
　　　　　　　　　　　　　　　　　　　　　　　　　　　　　　　　　　　　签发日期：

试样编号	设计等级	工程部分	制作日期 期龄(d)	试件尺寸(mm)	重量配合比 水泥：水：砂：石：外加剂：掺合料	坍落度(mm)	水泥品种及强度等级	石种类 最大粒径(mm)	砂粗细程度	养护方式	检测结果 最大试验水压力(MPa)	评定检测
	—						—				—	
								—			—	
											—	—
	—		—	—	—						—	

检测依据　GB/T 50082—2009《普通混凝土长期性能和耐久性能试验方法标准》

检测设备

备注　　　—

检测说明　1. 检测环境：20℃　　　　　　声　明
　　　　　2. 样品状态：有效

1. 报告涂改无效。
2. 检测结果仅对受样品有效。
3. 报告无批准、审核、检测人签字无效，无检测单位盖章无效。
4. 如对检测结果有异议，应及时向本中心提出。

检测单位：(盖章)　　　　批准：　　　　审核：　　　　检测：

评价与反馈

　　各项目部根据学习任务完成情况，由项目经理组织项目部成员进行自评和互评，教师综合考评学生的学习态度和工作成果。表 5-12 至表 5-15 分别为检查表、评价表、成绩评定表和教学反馈单。

表 5-12　检查表

学习领域	钢筋混凝土工程施工与组织			
学习情境 5	取样与检测		学时	28
序号	检查项目	检查标准	学生自检	教师检查
1	工作计划制订	是否全面、可行、合理		
2	资料查阅和收集	是否认真、仔细、全面、准确		
3	工具使用和保管	是否适当、完好、没有损坏或丢失		
4	角色扮演	是否尽职尽责		
5	技术水平	是否圆满完成相应的技术工作		
6	表达能力	发言或讲演时是否大胆，且表述流畅		
7	协作精神	在项目部中能否与其他成员互助协作		
8	领导才能	担任项目经理期间，是否表现出领导才能		
9	创新意识	是否有更多的方案、想法和思路		
10	发现和解决问题	是否经常提出问题，或者解决实际问题		

	班级		第__组	组长签字	
	教师签字			日期	
检查评价	评语：				

表 5－13　评价表

学习领域	钢筋混凝土工程施工与组织				
学习情境5	取样与检测			学时	28
评价类别	项目	子项目	个人评价	组内互评	教师评价
操作评价	钢筋取样	钢筋取样调查			
		现场操作情况			
		样本保管			
	钢筋检测	试验设备操作			
		检测记录			
		检测报告			
	混凝土试块制作	现场观摩情况			
		现场操作			
		完成质量			
	混凝土试块检测	试验设备操作			
		检测记录			
		检测报告			
综合评价	班级		第__组	组长签字	
	教师签字		日期		
	评语：				

表 5－14　成绩评定表

序号	考评项目	分值	考核办法	教师评价（权重50%）	组内评价（权重30%）	学生自评（权重20%）
1	学习态度	20	出勤率及课内表现			
2	学习能力	20	资料收集及完成基础知识和施工方案情况			
3	操作能力	20	完成技术交底和实训质量			
4	分析能力	20	方案讨论及合理化建议			
5	团队协作能力	20	小组协作及辅助老师指导他人的情况			
	合计	100				
			总分			

表 5-15　教学反馈单

学习领域	钢筋混凝土工程施工与组织			
学习情境 5	取样与检测	学时		28
序号	调查内容	是	否	理由陈述
1	你认为脚手架设计很困难吗？			
2	你觉得本情境学习很轻松是吗？			
3	施工员对钢筋样本的截取比较规范吗？			
4	在施工现场常常用钢筋焊接模拟试件送检，你认为可以吗？			
5	混凝土试块过度振捣也容易造成样本缺陷吗？			
6	如果商品混凝土的试块由厂家直接制作，你放心吗？			
7	通过本次实训，你已经学会了关于钢筋和混凝土样本的检测吗？			
8	你所在的项目部表现出色吗？			
9	你的表现项目部成员满意吗？			
10	你感觉到你自己的能力提高了吗？			
11	你对实际工作感兴趣吗？			
12	外聘教师的理论水平比较低吗？			
13	你满意学校的实训基地吗？			
14	校外实训基地的操作难度大吗？			
15	你对工学结合课程的教学方法有异议吗？			

你的意见对改进教学非常重要，请写出你的建议和意见：

调查信息	被调查人签名		调查时间	

附　录

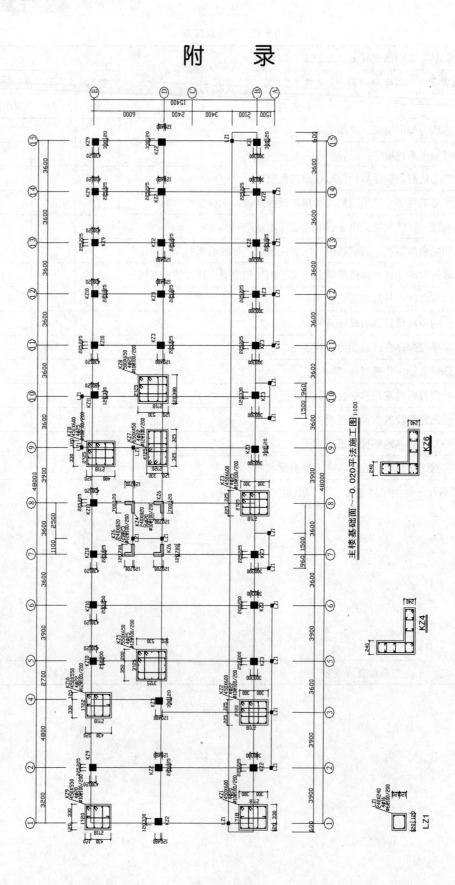

主楼基础面~-0.020平法施工图 1:100

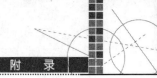

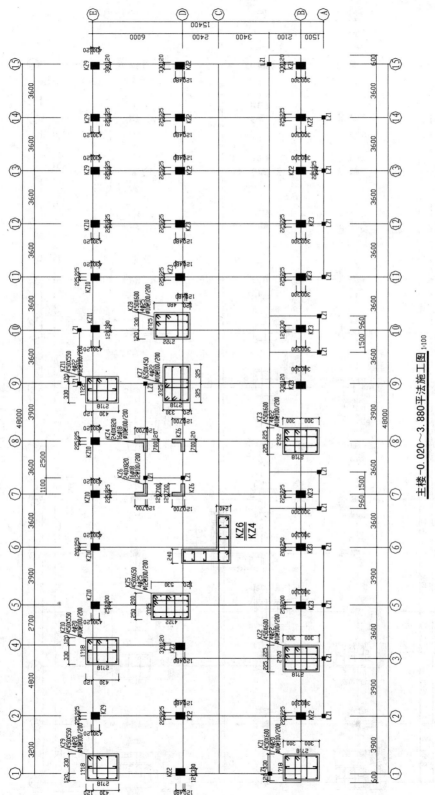

主楼-0.020～3.880平法施工图 1:100

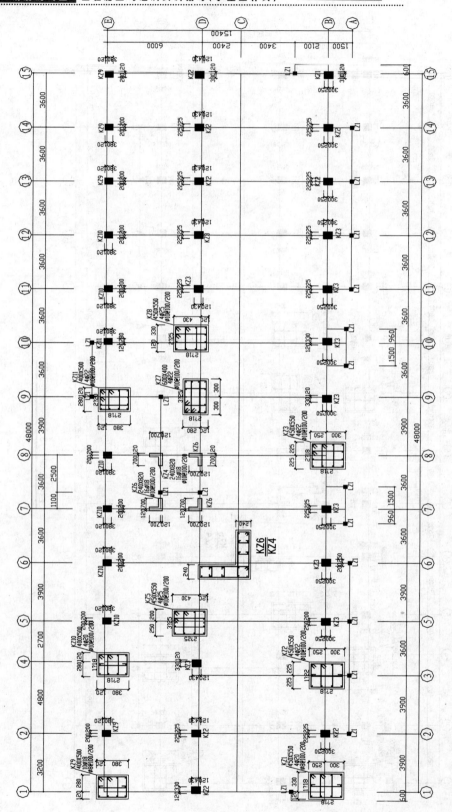

主楼3.880～7.780平法施工图 1:100

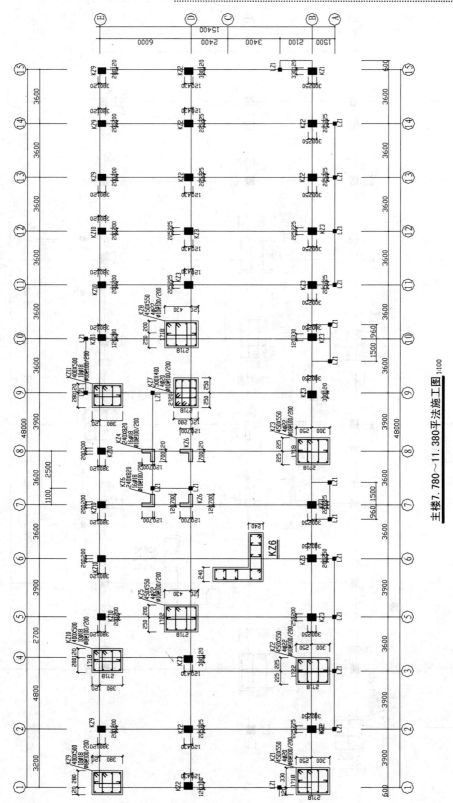

主楼7.780~11.380平法施工图 1:100

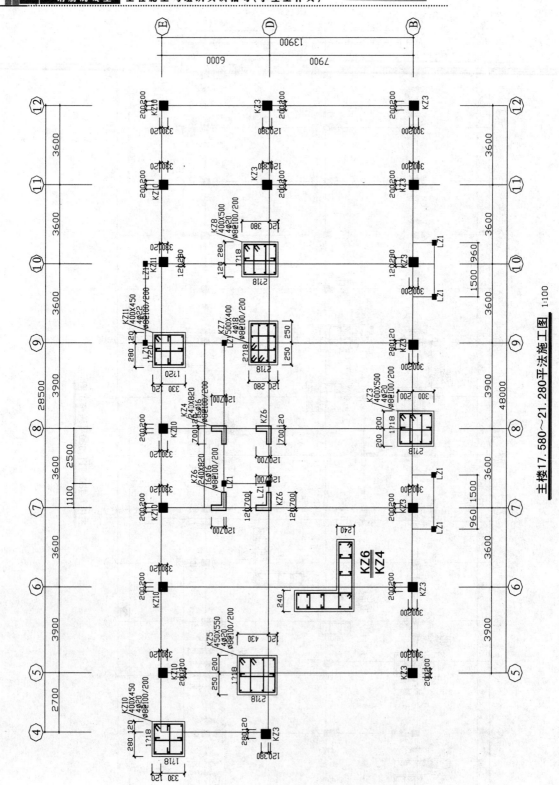

主楼17.580~21.280平法施工图 1:100

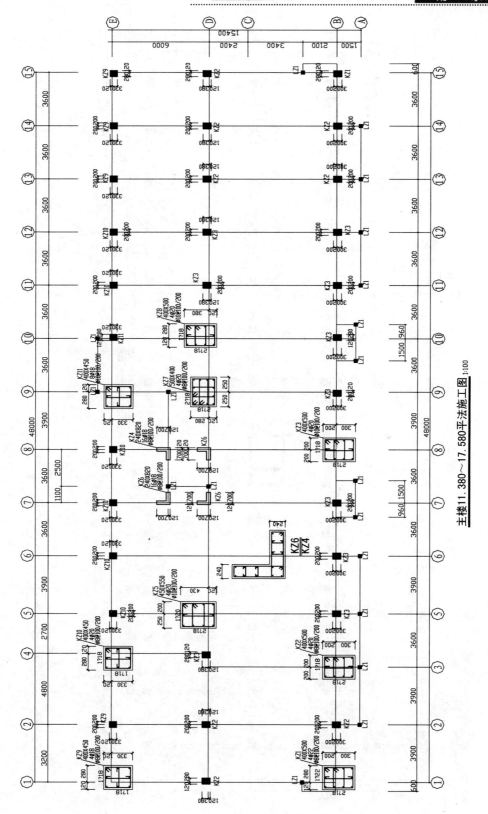

主楼11.380～17.580平法施工图 1:100

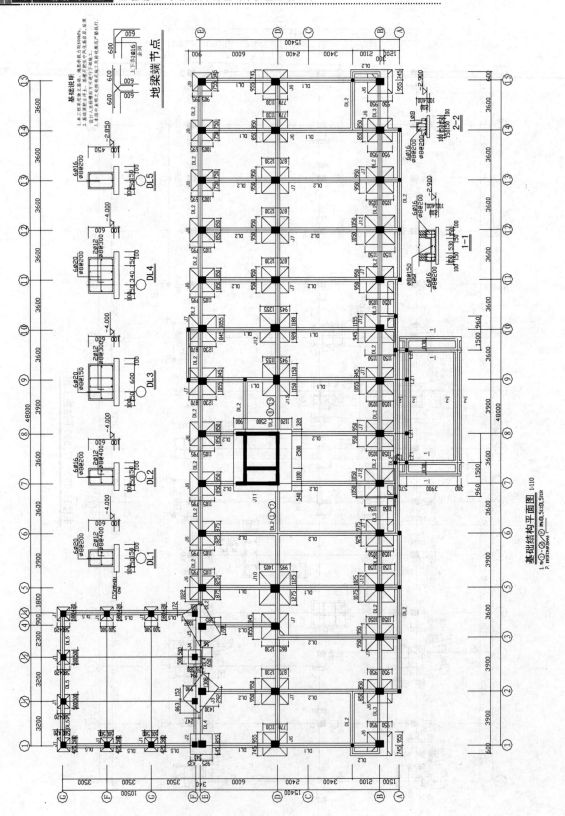

基础结构平面图 1:110

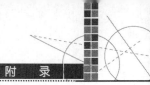

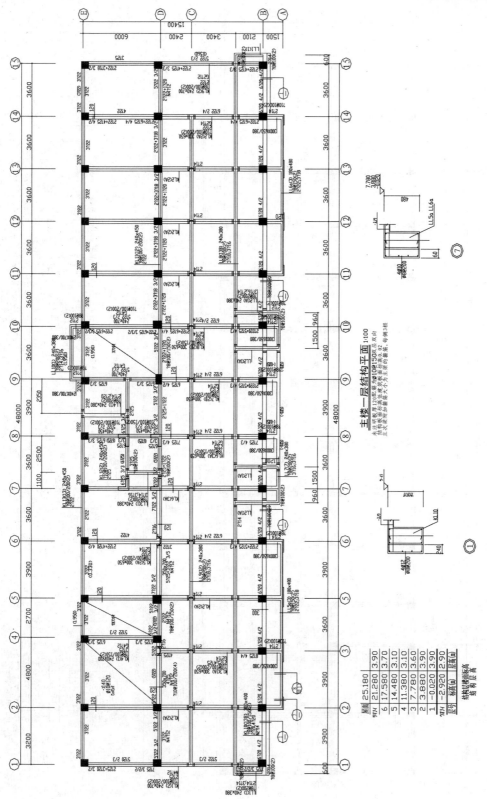

主楼一层结构平面 1:100

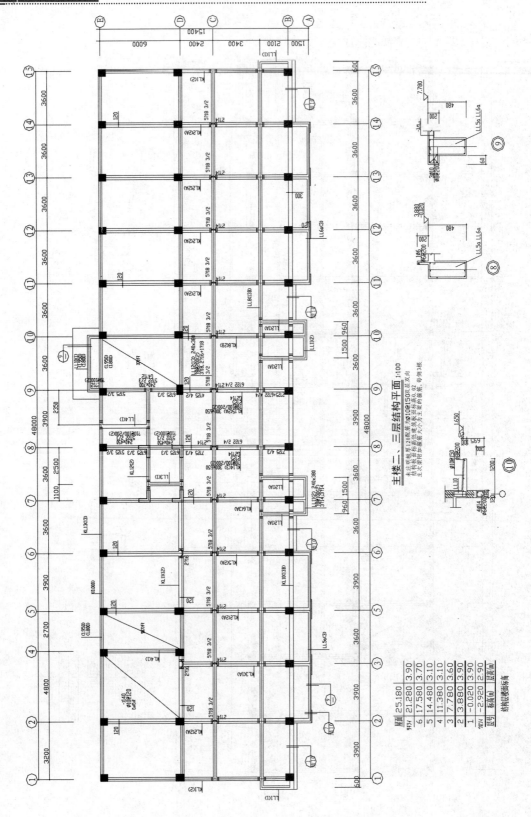

主楼二、三层结构平面 1:100

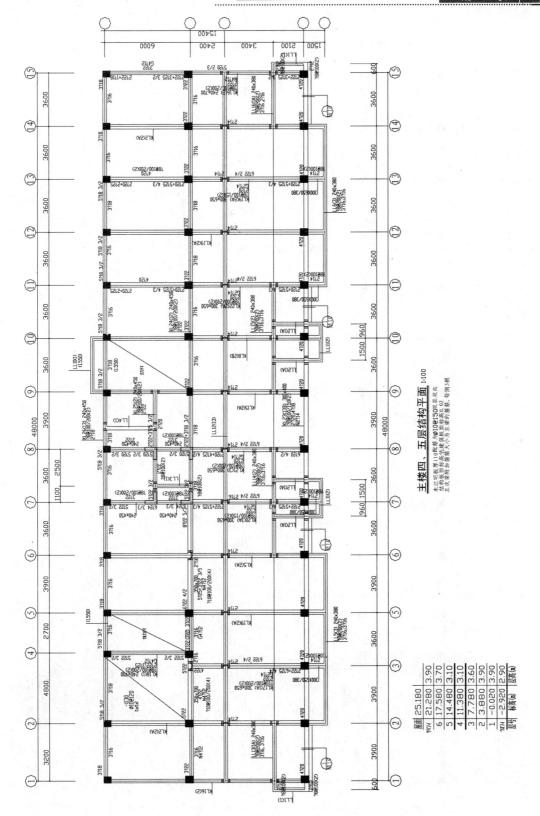

主楼四、五层结构平面 1:100

未注明板厚110、板筋 ϕ10@150双层双向
结构板顶标高详建筑截面标高减0.02
主次梁附加箍筋间距大小为主梁的箍筋，每侧3根

层顶	标高(m)	层高(m)
屋面	25.180	3.90
6	21.280	3.70
5	17.580	3.10
4	14.480	3.10
	11.380	3.60
3	7.780	3.90
2	3.880	3.90
1	−0.020	2.90
层号	−2.920	
层号	标高(m)	层高(m)

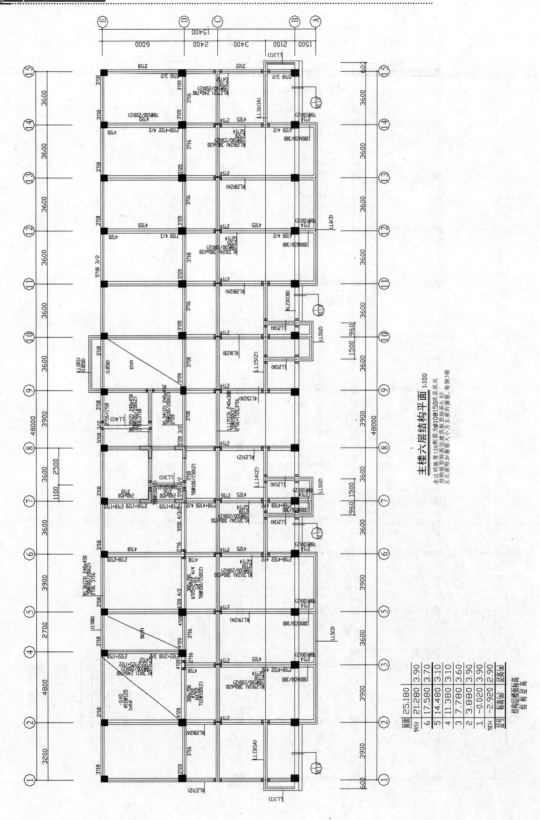

主楼六层结构平面 1:100

未注明板厚120配筋 A ϕ10@150双层双向
结构板标高等于建筑标高减0.02
主次梁附加箍筋大小为主梁箍筋,每侧3根

层号	标高(m)	层高(m)
屋面	25.180	3.90
6	21.280	3.70
	17.580	3.10
5	14.480	3.10
4	11.380	3.60
3	7.780	3.90
2	3.880	3.90
1	-0.020	3.90
基顶	-2.920	2.90
层号	标高(m)	层高(m)
	建筑标高	结构层高

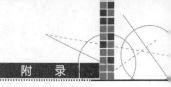

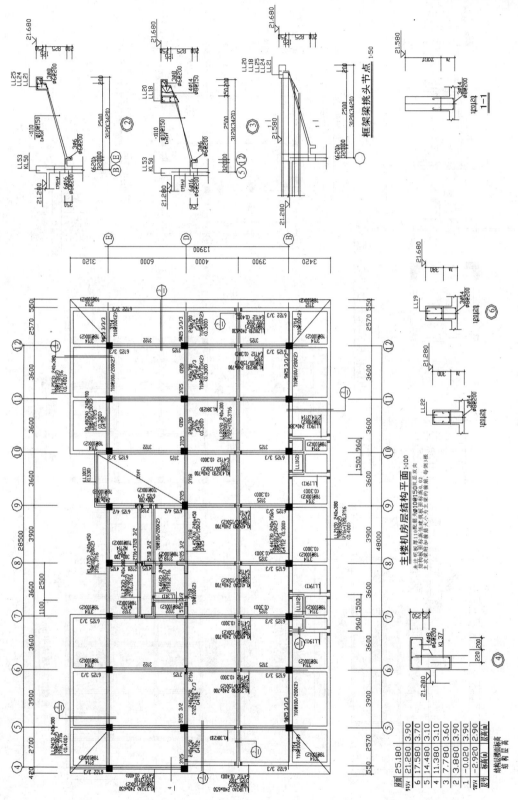

框架梁挑头节点 1:50

主楼机房结构平面 1:100

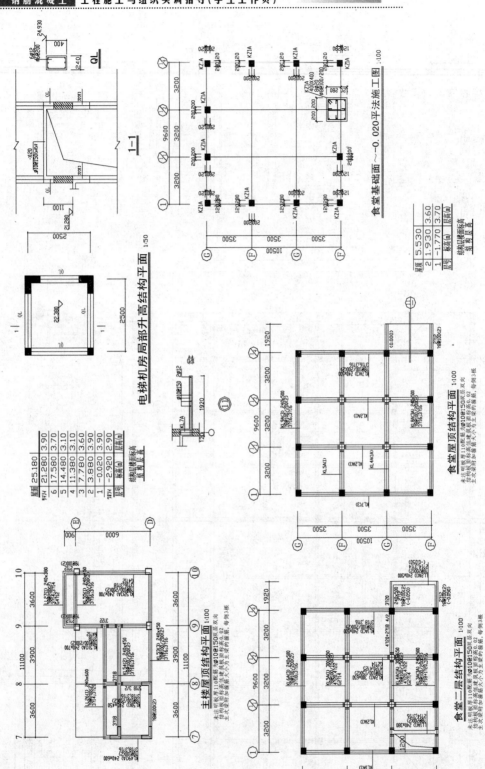

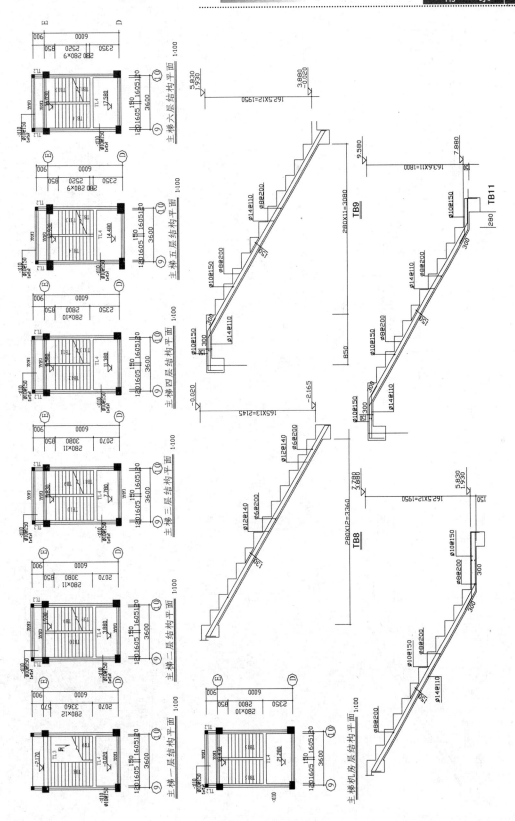

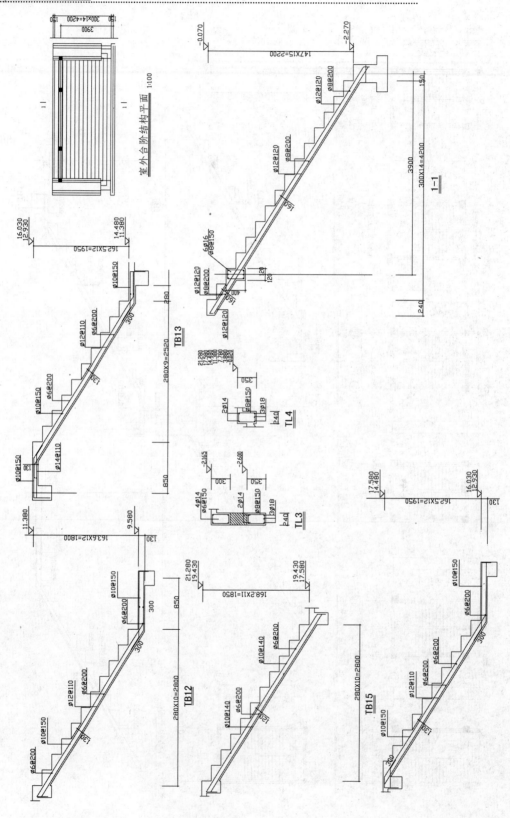

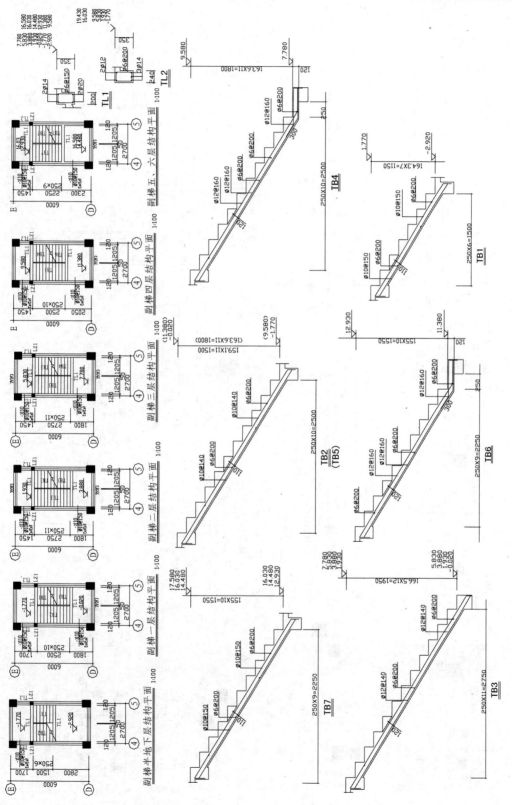

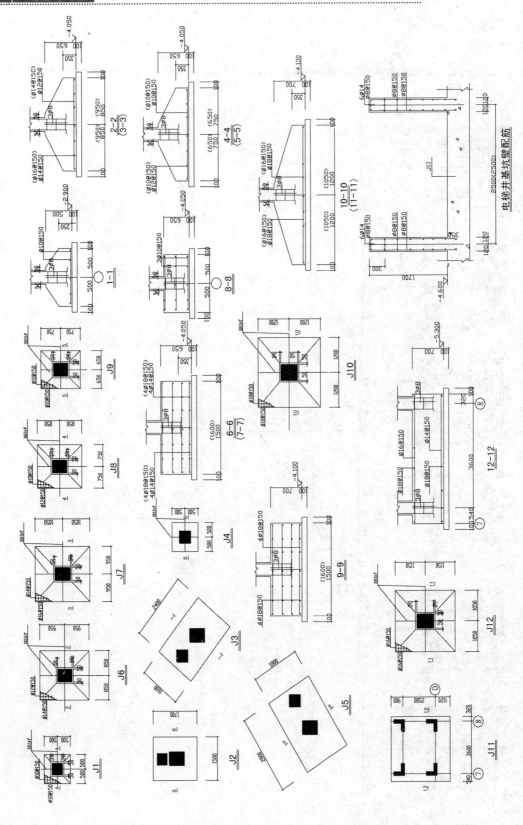

参 考 文 献

[1] 谢建民，肖备．施工现场设施安全设计计算手册．北京：中国建筑工业出版社，2007．

[2] 北京土木建筑学会．模板与脚手架工程现场施工处理方法与技巧．北京：机械工业出版社，2009．

[3] 北京土木建筑学会．钢筋工程现场施工处理方法与技巧．北京：机械工业出版社，2009．

[4] 北京土木建筑学会．混凝土工程现场施工处理方法与技巧．北京：机械工业出版社，2009．

[5] 刘秀南等．架子工长一本通．北京：中国建材工业出版社，2010．

[6] 李慧等．木工工长一本通．北京：中国建材工业出版社，2009．

[7] 沈志娟等．模板工长一本通．北京：中国建材工业出版社，2009．

[8] 宋金英等．钢筋工长一本通．北京：中国建材工业出版社，2009．

[9] 梁允等．混凝土工长一本通．北京：中国建材工业出版社，2009．

[10] 建设部人事教育司．试验工．北京：中国建筑工业出版社，2003．

[11] 建设部人事教育司．钢筋工．北京：中国建筑工业出版社，2003．

[12] 刘文众．建筑材料和装饰装修材料检验见证取样手册．北京：中国建筑工业出版社，2004．

[13] 张元发，潘延平，唐民，邱震．建设工程质量检测见证取样员手册．2版．北京：中国建筑工业出版社，2003．

[14] 潘延平，韩跃红．建设工程检测见证取样员手册．3版．中国建筑工业出版社，2008．

北京大学出版社高职高专土建系列规划教材

序号	书名	书号	编著者	定价	出版时间	印次	配套情况	
			基础课程					
1	工程建设法律与制度	978-7-301-14158-8	唐茂华	26.00	2012.7	6	ppt/pdf	
2	建设工程法规	978-7-301-16731-1	高玉兰	30.00	2012.8	10	ppt/pdf/答案	★
3	建筑工程法规实务	978-7-301-19321-1	杨陈慧等	43.00	2012.1	2	ppt/pdf	★
4	建筑法规	978-7-301-19371-6	董伟等	39.00	2012.4	2	ppt/pdf	★
5	AutoCAD 建筑制图教程(第2版)	978-7-301-21095-6	郭 慧	35.00	2013.1	1	ppt/pdf/素材	★
6	AutoCAD 建筑绘图教程	978-7-301-19234-4	唐英敏等	41.00	2011.7	2	ppt/pdf	★
7	建筑CAD项目教程(2010版)	978-7-301-20979-0	郭 慧	37.00	2012.8	1	pdf/素材	
8	建筑工程专业英语	978-7-301-15376-5	吴承霞	20.00	2012.4	6	ppt/pdf	★
9	建筑工程制图与识图	978-7-301-15443-4	白丽红	25.00	2012.8	8	ppt/pdf/答案	★
10	建筑制图习题集	978-7-301-15404-5	白丽红	25.00	2012.4	6	pdf	
11	建筑制图(第2版)	978-7-301-21146-5	高丽荣	29.00	2012.9	1	ppt/pdf	★
12	建筑制图习题集	978-7-301-15586-8	高丽荣	21.00	2012.4	5	pdf	
13	建筑工程制图(第2版)(含习题集)	978-7-301-21120-5	肖明和	48.00	2012.8	1	ppt/pdf	
14	建筑制图与识图	978-7-301-18806-4	曹雪梅等	24.00	2012.2	4	ppt/pdf	★
15	建筑制图与识图习题册	978-7-301-18652-7	曹雪梅等	30.00	2012.4	3	pdf	★
16	建筑构造与识图	978-7-301-14465-7	郑贵超等	45.00	2012.9	11	ppt/pdf	★
17	建筑制图与识图	978-7-301-20070-4	李元玲	28.00	2012.8	2	ppt/pdf	★
18	建筑制图与识图习题集	978-7-301-20425-2	李元玲	24.00	2012.3	2	ppt/pdf	★
19	建筑工程应用文写作	978-7-301-18962-7	赵立等	40.00	2012.6	2	ppt/pdf	★
20	建筑工程专业英语	978-7-301-20003-2	韩薇等	24.00	2012.1	1	ppt/ pdf	★
21	建设工程法规	978-7-301-20912-7	王先恕	32.00	2012.7	1	ppt/ pdf	
22	新编建筑工程制图	978-7-301-21140-3	方筱松	30.00	2012.8	1	ppt/ pdf	★
23	新编建筑工程制图习题集]	978-7-301-16834-9	方筱松	22.00	2012.9	1	pdf	
			施工类					
24	建筑工程测量	978-7-301-16727-4	赵景利	30.00	2012.8	7	ppt/pdf/答案	★
25	建筑工程测量	978-7-301-15542-4	张敬伟	30.00	2012.4	8	ppt/pdf/答案	★
26	建筑工程测量	978-7-301-19992-3	潘益民	38.00	2012.2	1	ppt/ pdf	★
27	建筑工程测量实验与实习指导	978-7-301-15548-6	张敬伟	20.00	2012.4	7	pdf/答案	
28	建筑工程测量	978-7-301-13578-5	王金玲等	26.00	2011.8	3	pdf	
29	建筑工程测量实训	978-7-301-19329-1	杨凤华	27.00	2012.4	2	pdf	★
30	建筑工程测量(含实验指导手册)	978-7-301-19364-8	石 东等	43.00	2012.6	2	ppt/pdf	★
31	建筑施工技术	978-7-301-12336-2	朱永祥等	38.00	2012.4	7	ppt/pdf	
32	建筑施工技术	978-7-301-16726-7	叶 雯等	44.00	2012.7	4	ppt/pdf /素材	★
33	建筑施工技术	978-7-301-19499-7	董伟等	42.00	2011.9	2	ppt/pdf	★
34	建筑施工技术	978-7-301-19997-8	苏小梅	38.00	2012.1	1	ppt/pdf	★
35	建筑工程施工技术(第2版)	978-7-301-21093-2	钟汉华等	48.00	2013.1	7	ppt/pdf	★
36	基础施工	978-7-301-20917-2	董伟等	35.00	2012.7	1	ppt/pdf	★
37	建筑施工技术实训	978-7-301-14477-0	周晓龙	21.00	2012.4	5	pdf	★
38	房屋建筑构造	978-7-301-19883-4	李少红	26.00	2012.1	1	ppt/pdf	★
39	建筑力学	978-7-301-13584-6	石立安	35.00	2012.2	6	ppt/pdf	★
40	土木工程实用力学	978-7-301-15598-1	马景善	30.00	2012.1	3	pdf/ppt	★
41	土木工程力学	978-7-301-16864-6	吴明军	38.00	2011.11	2	ppt/pdf	★
42	PKPM软件的应用	978-7-301-15215-7	王 娜	27.00	2012.4	4	pdf	★
43	工程地质与土力学	978-7-301-20723-9	杨仲元	40.00	2012.6	1	ppt/pdf	★
44	建筑结构	978-7-301-17086-1	徐锡权	62.00	2011.8	2	ppt/pdf/答案	★
45	建筑结构	978-7-301-19171-2	唐春平等	41.00	2012.6	2	ppt/pdf	★
46	建筑力学与结构	978-7-301-15658-2	吴承霞	40.00	2012.4	9	ppt/pdf	★
47	建筑力学与结构	978-7-301-20988-2	陈水广	32.00	2012.8	1	pdf/ppt	
48	建筑材料	978-7-301-13576-1	林祖宏	35.00	2012.6	9	ppt/pdf	★
49	建筑结构基础	978-7-301-21125-0	王中发	36.00	2012.8	1	ppt/pdf	★
50	建筑结构原理及应用	978-7-301-12732-6	史美东	45.00	2012.8	1	ppt/pdf	★
51	建筑材料与检测	978-7-301-16728-1	梅 杨	26.00	2012.4	7	ppt/pdf	★
52	建筑材料检测试验指导	978-7-301-16729-8	王美芬等	18.00	2012.4	4	pdf	
53	建筑材料与检测	978-7-301-19261-0	王 辉	35.00	2012.6	2	ppt/pdf	★
54	建筑材料与检测试验指导	978-7-301-20045-8	王 辉	20.00	2012.1	1	ppt/pdf	★
55	建设工程监理概论(第2版)	978-7-301-20854-0	徐锡权等	43.00	2012.7	1	ppt/pdf/答案	

序号	书名	书号	编著者	定价	出版时间	印次	配套情况	
56	建设工程监理	978-7-301-15017-7	斯 庆	26.00	2012.7	5	ppt/pdf/答案	★
57	建设工程监理概论	978-7-301-15518-9	曾庆军等	24.00	2012.1	4	ppt/pdf	
58	工程建设监理案例分析教程	978-7-301-18984-9	刘志麟等	38.00	2011.7	1	ppt/pdf	★
59	地基与基础	978-7-301-14471-8	肖明和	39.00	2012.4	7	ppt/pdf	★
60	地基与基础	978-7-301-16130-2	孙平平等	26.00	2012.1	2	ppt/pdf	
61	建筑工程质量事故分析	978-7-301-16905-6	郑文新	25.00	2012.1	3	ppt/pdf	★
62	建筑工程施工组织设计	978-7-301-18512-4	李源清	26.00	2012.9	4	ppt/pdf	★
63	建筑工程施工组织实训	978-7-301-18961-0	李源清	40.00	2012.1	2	pdf	★
64	建筑施工组织项目式教程	978-7-301-19901-5	杨红玉	44.00	2012.1	1	ppt/pdf	
65	生态建筑材料	978-7-301-19588-2	陈剑峰等	38.00	2011.10	1	ppt/pdf	
66	钢筋混凝土工程施工与组织	978-7-301-19587-1	高 雁	32.00	2012.5	1	ppt/pdf	
67	数字测图技术应用教程	978-7-301-20334-7	刘宗波	36.00	2012.8	1	ppt	
68	钢筋混凝土工程施工与组织实训指导(学生工作页)	978-7-301-21208-0	高 雁	20.00	2012.9	1	ppt	
	工 程 管 理 类							
69	建筑工程经济	978-7-301-15449-6	杨庆丰等	24.00	2012.7	10	ppt/pdf	★
70	建筑工程经济	978-7-301-20855-7	赵小娥等	32.00	2012.8	1	ppt/pdf	
71	施工企业会计	978-7-301-15614-8	辛艳红等	26.00	2012.2	4	ppt/pdf	★
72	建筑工程项目管理	978-7-301-12335-5	范红岩等	30.00	2012.4	9	ppt/pdf	★
73	建设工程项目管理	978-7-301-16730-4	王 辉	32.00	2012.4	3	ppt/pdf	★
74	建设工程项目管理	978-7-301-19335-8	冯松山等	38.00	2012.8	2	pdf/ppt	
75	建设工程招投标与合同管理(第2版)	978-7-301-21002-4	宋春岩	38.00	2012.8	1	ppt/pdf/答案/试题/教案	★
76	工程项目招投标与合同管理	978-7-301-15549-3	李洪军等	30.00	2012.2	5	ppt	★
77	建筑工程招投标与合同管理	978-7-301-16802-8	程超胜	30.00	2012.9	1	pdf/ppt	★
78	工程项目招投标与合同管理	978-7-301-16732-8	杨庆丰	28.00	2012.4	5	ppt	★
79	建筑工程商务标编制实训	978-7-301-20804-5	钟振宇	35.00	2012.7	1	ppt	★
80	工程招投标与合同管理实务	978-7-301-19035-7	杨甲奇等	48.00	2011.8	2	pdf	★
81	工程招投标与合同管理实务	978-7-301-19290-0	郑文新等	43.00	2012.4	2	pdf	★
82	建设工程招投标与合同管理实务	978-7-301-20404-7	杨云会等	42.00	2012.4	1	ppt/pdf	
83	工程招投标与合同管理	978-7-301-17455-5	文新平	37.00	2012.9	1	ppt/pdf	★
84	建筑施工组织与管理	978-7-301-15359-8	翟丽旻等	32.00	2012.7	8	ppt/pdf	★
85	建筑工程安全管理	978-7-301-19455-3	宋 健等	36.00	2011.9	1	ppt/pdf	
86	建筑工程质量与安全管理	978-7-301-16070-1	周连起	35.00	2012.1	3	pdf	
87	工程造价控制	978-7-301-14466-4	斯 庆	26.00	2012.4	7	ppt/pdf	★
88	工程造价管理	978-7-301-20655-3	徐锡权等	33.00	2012.7	1	ppt/pdf	
89	工程造价控制与管理	978-7-301-19366-2	胡新萍等	30.00	2012.1	1	ppt/pdf	★
90	建筑工程造价管理	978-7-301-20360-6	柴 琦等	27.00	2012.3	1	ppt/pdf	
91	建筑工程造价管理	978-7-301-15517-2	李茂英等	24.00	2012.1	4	pdf	
92	建筑工程计量与计价	978-7-301-15406-9	肖明和等	39.00	2012.8	10	ppt/pdf	★
93	建筑工程计量与计价实训	978-7-301-15516-5	肖明和等	20.00	2012.2	5	pdf	
94	建筑工程计量与计价——透过案例学造价	978-7-301-16071-8	张 强	50.00	2012.7	4	ppt/pdf	★
95	安装工程计量与计价	978-7-301-15652-0	冯 钢等	38.00	2012.9	8	ppt/pdf	★
96	安装工程计量与计价实训	978-7-301-19336-5	景巧玲等	36.00	2012.7	2	pdf/素材	★
97	建筑与装饰装修工程工程量清单	978-7-301-17331-2	翟丽旻等	25.00	2012.8	3	pdf/ppt	
98	建筑工程清单编制	978-7-301-19387-7	叶晓容	24.00	2011.8	1	ppt/pdf	★
99	建设项目评估	978-7-301-20068-1	高志云等	32.00	2012.1	1	ppt/pdf	★
100	钢筋工程清单编制	978-7-301-20114-5	贾莲英	36.00	2012.2	1	ppt / pdf	
101	混凝土工程清单编制	978-7-301-20384-2	顾 娟	28.00	2012.5	1	ppt / pdf	
102	建筑装饰工程预算	978-7-301-20567-9	范菊雨	38.00	2012.5	1	pdf/ppt	★
103	建设工程安全监理	978-7-301-20802-1	沈万岳	28.00	2012.7	1	pdf/ppt	
104	建筑工程资料管理	978-7-301-17456-2	孙 刚等	36.00	2012.9	1	pdf/ppt	
	建 筑 装 饰 类							
105	中外建筑史	978-7-301-15606-3	袁新华	30.00	2012.2	6	ppt/pdf	★
106	建筑室内空间历程	978-7-301-19338-9	张伟孝	53.00	2011.8	1	pdf	★

序号	书名	书号	编著者	定价	出版时间	印次	配套情况	
107	室内设计基础	978-7-301-15613-1	李书青	32.00	2011.1	2	pdf	
108	建筑装饰构造	978-7-301-15687-2	赵志文等	27.00	2012.4	4	ppt/pdf	★
109	建筑装饰材料	978-7-301-15136-5	高军林	25.00	2012.4	3	ppt/pdf	
110	建筑装饰施工技术	978-7-301-15439-7	王 军等	30.00	2012.1	4	ppt/pdf	★
111	装饰材料与施工	978-7-301-15677-3	宋志春等	30.00	2010.8	2	ppt/pdf	★
112	设计构成	978-7-301-15504-2	戴碧锋	30.00	2009.7	1	pdf	
113	基础色彩	978-7-301-16072-5	张 军	42.00	2011.9	2	pdf	★
114	建筑素描表现与创意	978-7-301-15541-7	于修国	25.00	2011.1	2	pdf	★
115	3ds Max 室内设计表现方法	978-7-301-17762-4	徐海军	32.00	2010.9	1	pdf	
116	3ds Max2011 室内设计案例教程(第2版)	978-7-301-15693-3	伍福军等	39.00	2011.9	1	ppt/pdf	
117	Photoshop 效果图后期制作	978-7-301-16073-2	脱忠伟等	52.00	2011.1	1	素材/pdf	★
118	建筑表现技法	978-7-301-19216-0	张 峰	32.00	2011.7	1	ppt/pdf	
119	建筑速写	978-7-301-20441-2	张 峰	30.00	2012.4	1	pdf	★
120	建筑装饰设计	978-7-301-20022-3	杨丽君	36.00	2012.2	1	ppt	
121	装饰施工读图与识图	978-7-301-19991-6	杨丽君	33.00	2012.5	1	ppt	
122	建筑装饰CAD项目教程	978-7-301-20950-9	郭 慧	32.00	2012.8	1	ppt/素材	
123	居住区景观设计	978-7-301-20587-7	张群成	47.00	2012.5	1	ppt	★
124	居住区规划设计	978-7-301-21013-4	张 燕	48.00	2012.8	1	ppt	★
	房 地 产 与 物 业 类							
125	房地产开发与经营	978-7-301-14467-1	张建中等	30.00	2012.7	5	ppt/pdf	★
126	房地产估价	978-7-301-15817-3	黄 晔等	30.00	2011.8	3	ppt/pdf	★
127	房地产估价理论与实务	978-7-301-19327-3	褚菁晶	35.00	2011.8	1	ppt/pdf	★
128	物业管理理论与实务	978-7-301-19354-9	裴艳慧	52.00	2011.9	1	pdf	★
129	房地产营销与策划	978-7-301-18731-9	应佐萍	42.00	2012.8	1	ppt/pdf	★
	市 政 路 桥 类							
130	市政工程计量与计价(第2版)	978-7-301-20564-8	郭良娟等	42.00	2012.7	1	Pdf/ppt	
131	市政桥梁工程	978-7-301-16688-8	刘 江等	42.00	2010.7	1	ppt/pdf	
132	路基路面工程	978-7-301-19299-3	偶昌宝等	34.00	2011.8	1	ppt/pdf/素材	
133	道路工程技术	978-7-301-19363-1	刘 雨等	33.00	2011.12	1	ppt/pdf	
134	建筑给水排水工程	978-7-301-20047-6	叶巧云	38.00	2012.2	1	ppt/pdf	
135	市政工程测量(含技能训练手册)	978-7-301-20474-2	刘宗波等	41.00	2012.5	1	ppt/pdf	
136	公路工程任务承揽与合同管理	978-7-301-21133-5	邱 兰等	30.00	2012.9	1	ppt/pdf	
137	道桥工程材料	978-7-301-21170-0	刘水林等	43.00	2012.9	1	ppt/pdf	
	建 筑 设 备 类							
138	建筑设备基础知识与识图	978-7-301-16716-8	靳慧征	34.00	2012.4	7	ppt/pdf	★
139	建筑设备识图与施工工艺	978-7-301-19377-8	周业梅	38.00	2011.8	2	ppt/pdf	★
140	建筑施工机械	978-7-301-19365-5	吴志强	30.00	2011.10	1	pdf/ppt	★
141	智能建筑环境设备自动化	978-7-301-21090-1	余志强	40.00	2012.8	1	pdf/ppt	★

请登录 www.pup6.cn 免费下载本系列教材的电子书(PDF版)、电子课件和相关教学资源。
欢迎免费索取样书,并欢迎到北京大学出版社来出版您的大作,可在 www.pup6.cn 在线申请样书和进行选题登记,也可下载相关表格填写后发到我们的邮箱,我们将及时与您取得联系并做好全方位的服务。
联系方式:010-62750667,yangxinglu@126.com,linzhangbo@126.com,欢迎来电来信咨询。